男孩，你要懂得保护自己

套装升级版 社会篇

王昊泽 —— 编著

中国纺织出版社有限公司

内 容 提 要

每个人都是社会性动物，都要融入社会生活中，男孩也是如此。男孩从小到大一天天成长，最终要成为一个合格的社会人。然而，社会的环境与家庭的环境是截然不同的，所以男孩要懂得在社会生活中保护自己，这样才能畅行社会。

本书以男孩在社会生活中的自我保护为主题，从各个方面阐述了男孩要想安全地融入社会生活，应该要注意的方方面面。父母和男孩都应该认真地阅读本书，了解男孩的社会性和自我保护上的弱点，从而加强思想上的重视程度、行为上的约束性，从而达到时刻维护好自身生命安全的目的。此外，阅读本书有助于男孩提升社会能力。

图书在版编目（CIP）数据

男孩，你要懂得保护自己：套装升级版 . 社会篇 / 王昊泽编著 . -- 北京：中国纺织出版社有限公司，2023.8

ISBN 978-7-5180-9330-4

Ⅰ . ①男… Ⅱ . ①王… Ⅲ . ①男性—青春期—健康教育 Ⅳ . ① G479

中国版本图书馆 CIP 数据核字（2022）第 020415 号

责任编辑：刘桐妍　　责任校对：高　涵　　责任印制：储志伟

中国纺织出版社有限公司出版发行
地址：北京市朝阳区百子湾东里A407号楼　邮政编码：100124
销售电话：010—67004422　传真：010—87155801
http://www.c-textilep.com
中国纺织出版社天猫旗舰店
官方微博 http://weibo.com/2119887771
唐山富达印务有限公司印刷　各地新华书店经销
2023年8月第1版第1次印刷
开本：710×1000　1/16　印张：32
字数：414千字　定价：108.00元（全4册）

凡购本书，如有缺页、倒页、脱页，由本社图书营销中心调换

前 言

小时候，男孩主要的生活场地在家里。随着渐渐成长，男孩终究要离开家庭，走向社会。从三岁左右，男孩就离开家，开始进入幼儿园进行集体生活，直至进入小学阶段之后，男孩更是正式步入了学龄阶段，踏上了求学的旅程。作为父母，从目睹全力呵护的男孩渐渐长大，到成为孩子最坚强的后盾，看着孩子的背影渐行渐远，必然要经历漫长的过程。在此过程中，父母也会非常关切孩子成长的方方面面。

对于养育孩子，很多父母都陷入了一个误区，他们觉得养育好孩子就是要无微不至地照顾孩子，为孩子做好每一件事情。实际上，父母不知道的是，养育孩子最终的目标是培养孩子的独立性，让孩子成为一个独立的人，主宰自己的生命，创造自己的人生。当看到男孩一天天地长大，个子长高了，喉结突出了，声音变得越来越沙哑了，嘴上冒出了毛茸茸的胡子，身材变得更加魁梧强壮时，父母应该感到欣慰。而这时，父母就要开始学会对孩子放手，给予孩子更大的自由空间，让孩子尽情地成长。

父母总是一边为孩子感到高兴，一边也为孩子感到担忧。因为那个对父母言听计从的孩子不见了，孩子变得越来越有主见，越来越不愿意听从父母的安排和教导。尤其是在进入青春期之后，他们产生了叛逆心，凡事都不愿意听从父母的指挥。在这样的情况下，父母怎能不提心吊胆呢？其实，父母只要采取正确的方法呵护孩子成长，孩子就会一天天地走向独立。尤其是在进入社会之后，父母更需要关注孩子的社会安全问题，为孩子的成长排除障碍。当孩子遇到难题的时候，父母要给予孩子有效的引导和帮助；当孩子遭遇困境的时候，父母要给予孩子最强有力的支持，做孩子坚强的后盾，这样孩子才会创造属于

自己的精彩人生!

　　世界是纷繁而又复杂的,充满了各种各样的诱惑。男孩从童年到少年,而后进入青春期,向成年阶段过渡。虽然体格一天比一天更强壮,但是心智并没有完全成熟。如果父母在孩子接触社会的过程中,不能全方位地监管好孩子的行为,不能引导孩子的心智发育和价值观建立,那么孩子很有可能会结交不好的朋友,做出一些鲁莽、草率的事情。

　　父母要把社会上的各种危险普及给孩子,让孩子未雨绸缪,知道自己在遇到各种情况时应该如何应对,这才是保护孩子的有效方法。此外,父母还要告诉孩子行为的界限,让孩子知道哪些事情是可以做的,哪些事情是不能做的,这样孩子才能够更好地为人处事。

　　面对着即将迈入成人世界的孩子,我们应该给予孩子更多的力量,给予孩子更多的祝福,让孩子在保证自身安全的情况下,步步为"赢",畅享人生。

编著者
2022 年 10 月

目 录

提升自控力,男孩要学会管控自己

- 男孩要肩负起责任　　　　　　　　　　　002
- 独立自主,做好自己的事情　　　　　　　005
- 合理消费,提升财商　　　　　　　　　　008
- 每日三省吾身　　　　　　　　　　　　　011
- 善于管理时间,戒掉拖延症　　　　　　　014
- 形成自控力,成为自己的主宰　　　　　　017

与陌生人相处,害人之心不可有,防人之心不可无

- 小心防范陌生人　　　　　　　　　　　　022
- 对个人信息严格保密　　　　　　　　　　025
- 不要接受陌生人的食物　　　　　　　　　028
- 不给陌生人开门　　　　　　　　　　　　031
- 给陌生人指路而不带路　　　　　　　　　034

3 行走社会，小心驶得万年船，稍有疏忽就湿鞋

- 贪小便宜吃大亏　　　　　　　　　　040
- 不坐黑车　　　　　　　　　　　　　044
- 不搭乘陌生人的车　　　　　　　　　047
- 深夜，不要独自出门　　　　　　　　050
- 独行时被尾随怎么办　　　　　　　　054
- 不要与"外人"去荒郊野岭　　　　　057
- 要勇敢，不要逞能　　　　　　　　　061
- 不出风头，不凑"热闹"　　　　　　063

4 网络时代，不要被"网"住

- 拒绝"网络黄毒"　　　　　　　　　068
- 不要轻易打开"定位功能"　　　　　071
- 拒绝与网友见面　　　　　　　　　　073
- 天上不会掉馅饼，识别网络骗局　　　076
- 小心手机的"扣费陷阱"　　　　　　080
- 网络购物不简单　　　　　　　　　　083

5 社会生活纷繁复杂，远离诱惑，洁身自好

- 不抽烟，不喝酒　　　　　　　　　　088
- 不赌博，远离不良游戏　　　　　　　090
- 娱乐场所，少儿不宜　　　　　　　　094
- 不捡"无主之物"　　　　　　　　　097
- 珍爱生命，切勿自残　　　　　　　　100

6 男孩要经受磨炼

- 面对他人的伤害，宽容以对　　　　　106
- 面对他人的苛责，一笑置之　　　　　108
- 面对他人的嫉妒，低调谦逊　　　　　111
- 面对他人的羡慕，慷慨分享　　　　　113
- 面对生活的磨难，勇往直前　　　　　116

- 参考文献　　　　　　　　　　　　　119

1

提升自控力，男孩要学会管控自己

　　现代社会发展的速度越来越快，青春期男孩正处于少年时期到成人时期的过渡阶段。度过了青春期，男孩就要成为一个真正的男人，立足社会，也将主宰自己的人生，这就对男孩提出了更高的要求。男孩不但要具备思想文化素养，还要学会生存的技能，掌握生活中各种必备的本领。这样在面对挑战的时候才会从容不迫，在面对各种难题的时候才能圆满解决，在面对各种诱惑的时候才能以超强的自控力掌控自己。总而言之，男孩唯有成为自己的主人，才有机会赢得全世界。

■ 男孩要肩负起责任

小故事

这学期开学没多久，老师就在班级里布置了绿植角。老师号召同学们从家里带来各种各样的绿植，还用班费购买了一些绿植。看着绿植角一天一天更加生机盎然，同学和老师都非常开心。老师还买了一个高高的花架摆放在绿植角旁边，那些美丽的花就有了新的场地，绿植角也成为了班级里最绚丽的景色。

今天放学之后，几个同学留下来打扫卫生。打扫完卫生，同学们在一起嬉笑打闹，小鹏在路过绿植角的时候，一不小心把那个高高的花架撞倒了。花架上足足有5盆花，全都应声掉在地上。由于这些花的花盆都是陶瓷的，所以花盆都碎了，花全都七零八落地躺在地上。看着眼前的一切，小鹏一时之间不知道应该如何是好。而这个时候，已经有同学火速跑到办公室里，把这件事情报告了老师。

老师来到教室里，先是观察了花被损坏的情况，然后询问在场的同学是谁把花架撞翻了。同学们全都低着头，谁也不敢承认，小鹏的头低得尤其低。老师虽然挨个问了同学们"到底是谁撞翻了花架"，但是没有人开口。无奈之下，老师只好联系了这几位同学的家长，让他们回家之后询问孩子真实的情况。

看到小鹏蔫头耷脑地回到家里，已经得知事情原委的爸爸妈妈心中有数了。他们想：很有可能就是小鹏不小心撞翻了花架，因为害怕，才不敢说。了解了小鹏的心理，爸爸妈妈没有对小鹏声色俱厉，而是耐心地劝说小鹏要诚实勇敢，要有责任心。妈妈还给小鹏讲了好几个关于责任感的故事呢！在爸爸妈妈的循循善诱之下，小鹏终于承认了错误，他对爸爸妈妈说："是我不小心把花架弄倒了，我……我……我担心老师批评我，就不敢承认。要不，用我的压岁钱去赔偿花架吧！"

听到小鹏的坦白，爸爸妈妈如释重负。原本，他们很担心小鹏会死扛到底，坚决不承认是他撞倒了花架，那么爸爸妈妈就会因为小鹏的撒谎行为而痛心。现在，看到小鹏选择了诚实地承认错误，承担起自己的责任，爸爸妈妈都很欣慰。妈妈对小鹏说："赔多少钱并不重要，重要的是你要成为一个真正的男子汉，勇敢地承担起自己的责任，这才是爸爸妈妈最想看到的。你放心，爸爸妈妈会出钱为你赔偿花架的，但是希望以后再遇到这样的情况，你能够当着老师的面主动承认错误，这样爸爸妈妈会更加以你为荣。"妈妈刚刚说完，爸爸赶紧补充道："当然，如果你能避免再次撞倒花架，那就更好了。"爸爸的话把小鹏逗得哈哈大笑。

分 析

每个人都应该拥有责任心，这是因为责任心能够激励我们去承认自己的错误，承担起自己应该负担的赔偿责任等。作为父母，切勿一味地袒护孩子，尤其是在孩子犯错的时候，父母一定要为孩子指出错误，并且引导孩子承认错误，承担责任。在教育孩子的过程中，父母要引导孩子形成责任心，也要致力于培养孩子的责任心。而这一点，父母只靠着说教是很难做到的，最好的做法是以身作则，以自己切身的行动给孩子树立最好的榜样，这样孩子才能感受到责任的力量。

遗憾的是，在现实生活中，很多父母都对孩子言听计从，百依百顺。在家庭生活中，他们把孩子奉为"小公主""小王子"，不管孩子有怎样无理的要求，他们都会第一时间满足孩子；不管孩子想要得到什么，他们都会第一时间给予孩子。长此以往，孩子就会越来越以自我为中心，缺乏责任心，不能担当起属于自己的责任。其实，父母这样无限度地溺爱孩子，也是对孩子不负责的表现。毕竟，和培养孩子的责任心、为孩子制订规矩相比，满足孩子的一切需求对于父母而言是更加容易的。然而，随着孩子渐渐长大，有朝一日，他们的欲望会越来越强，他们的要求可能会越来越过分，在这种情况下，父母还能一如既往地满足孩子吗？所以父母要未雨绸缪，从小培养孩子的责任心。

当孩子进入学龄阶段之后，很多父母都为孩子不能认真地完成作业，考试成绩落后而感到焦急。这是因为孩子没有责任心，所以他们在做作业的时候才会敷衍了事，在考试的时候粗心大意，这样一来，他们在学习上的表现怎么会好呢？每一个男孩都应该怀着高度的责任感面对学习、面对成长，这样才能在各个方面都有更加出类拔萃的表现。

小贴士

人生的道路是漫长的，我们一定要脚踏实地，走好人生的每一步，这既是对自己负责，也是对生命负责。尤其是在需要承担责任的时候，我们切勿把这份责任推卸到他人身上，而是要相信我们必须勇敢地肩负起这份责任，才能成为大写的人，才能真正做到顶天立地。

■ 独立自主，做好自己的事情

小故事

小飞已经12岁了，他什么事情都不会做，在家里已经习惯了衣来伸手、饭来张口的生活，就连起床之后，被子都要爸爸妈妈帮他叠好。看到小飞整天就像甩手掌柜一样生活着，妈妈常常感到担忧。尤其是再过半年，小飞就要去初中寄宿学校生活了，因而妈妈经常当着小飞的面念叨："你这样什么也不干，到了寄宿学校独立生活的时候，该怎么办呀？我又不能去学校照顾你，到时候你一定会手忙脚乱、不知所措的。"

小飞对妈妈的话不以为意，他说："没关系，船到桥头自然直，车到山前必有路。到时候，别人怎么办，我就怎么办。"妈妈苦笑着说："别人可是小小年纪就已经具备了自理能力，你呢，现学现卖恐怕来不及吧！"

到了暑假，小飞小学毕业了，还有两个月就要去初中寄宿学校学习和生活了。小飞原本想趁着两个月的暑假好好放松放松，再过一过甩手掌柜的生活，但是爸爸却意识到问题的紧迫性。所以他从暑假的第一天，就宣布了规定："从现在开始，小飞必须自己的事情自己做，家里所有人，包括爷爷奶奶、爸爸妈妈，都不许帮小飞做任何事情。"

听到爸爸宣布的规定，小飞忍不住大呼小叫起来："爸爸，这可不太不公平了！为什么你们不能帮我做事情了呢？一直以来不都是你们帮忙做的吗？我可以等到上了初中再自己做，我保证能做到。"

爸爸可不听小飞的辩解，他斩钉截铁地说："这件事情没商量，如果发现有人偷偷地帮小飞做事，那么可别怪我铁面无情。"在爸爸的号令之下，全家人都意识到如果小飞继续这样依赖父母，到了初中一定会非常难熬，所以大家全都全力配合爸爸，督促小飞坚持自己的事情自己做。

暑假第一天，小飞起床之后，生平第一次叠了被子。但他把被子叠得乱七八糟，看起来就像一块从高空坠落的豆腐。妈妈看到小飞叠的被子，心里很想笑，但是又怕打击小飞的自信心，因此只好强忍着笑意。看着这样的被子，妈妈很想把被子摊开再重新叠好，这是因为妈妈已经习惯了让家里的每个角落都保持干净清爽，但是爸爸严令禁止妈妈重新叠被子。他对妈妈说："你不可能代替他叠一辈子被子，只有让他自己锻炼，他才能叠得越来越好。"

妈妈知道爸爸说的是对的，所以一直强忍着自己想要重新叠被子的欲望。过了十几天之后，小飞终于能把被子叠得好一些了。在此过程中，他也学会了自己洗短裤、袜子等小件衣服，并用洗衣机洗大件衣服。洗好之后，他还会把衣服叠起来收拾好。虽然他做得并不完美，但是大家都对他怀着包容的态度。经过两个月的"集中训练"，小飞的自理能力越来越强。在开学之前，妈妈终于可以放下心来了。她欣慰地说："这下我再也不担心你去了初中寄宿学校之后，不能独立生活了。"

分析

现实生活中，很多父母都会不由分说地代替孩子去做好每一件事情。在这样的情况下，孩子不知不觉间就养成了依赖父母的坏习惯。不管有什么事情，他们第一时间就会向父母求助。此外，人们常说，自己的事情自己做。这句话说起来简单,但是真的想要做到这一点却很难。

解决方案

那么,让男孩坚持做好自己的事情有什么好处呢?

首先,做好自己的事情可以培养男孩的动手能力。对男孩来说,他们并不是吃苦太多,而是吃苦太少。这是因为他们从小到大亲自去做的事情少之又少。当父母给予男孩这样的机会,催促着男孩去做自己的事情时,男孩在此过程中就会得到锻炼,各个方面的能力也会逐渐增强。

其次,坚持做好自己的事,可以培养男孩顽强不屈的意志和坚持不懈的精神。在做事的过程中,男孩会遇到很多困难,他们必须磨炼自己的意志,才能不懈地坚持下去。这对于男孩面对未来充满艰难困苦的人生是很有好处的。父母苦心为孩子们营造完全顺遂如意的生活环境,其实是对孩子不负责任的表现。在这个世界上,没有谁的人生会是绝对一帆风顺的,与其让孩子被人生的假象所蒙蔽,不如让孩子早早地认识人生的真相,让孩子知道人生就是要战胜接二连三的坎坷挫折,才能实现最终的目的,这样男孩就会拥有顽强的意志力。

再次,让男孩坚持做自己的事情,可以培养男孩的独立意识。很多时候,不是孩子没有能力去做好一些事情,而是父母不愿意让孩子亲力亲为。在父母无微不至的照顾下,孩子们从出生就过着衣食无忧的生活,毫无忧愁,渐渐地,他们就会越来越依赖父母。父母即使再爱孩子,也不可能始终陪伴在孩子身边,更不可能代替孩子去做好每一件事。所以,父母一定要给予孩子更多的机会,让孩子接受锻炼,这样孩子才能创造出属于自己的人生。

最后,在做事情的过程中,孩子会开动脑筋进行思考,渐渐地,他们就会形成发散性思维。如果父母在面对任何问题的时候都只给孩子唯一的选项,那么孩子就会失去选择的能力。在做事情的过程中,如果孩子面对着很多可能性,那么他们会主动认真思考,权衡利弊,以发散性思维寻求更合理的解决方案。

这样一来，孩子就能够做得越来越好。

总而言之，孩子并不是从一出生就非常强大能干的。作为父母，要尊重孩子的成长，要相信孩子是有能力做好很多事情的。当父母相信孩子时，孩子就会越来越自信；当父母对孩子放手时，孩子就会越来越独立坚强；当父母和孩子一起坚持下去，男孩就能成为真正的男子汉。

■ 合理消费，提升财商

小故事

升入高一之后，特特没有选择住校，而是选择了走读。这是因为特特的家就在学校的对面，距离学校非常近。虽然特特是走读生，但他还是要在学校里吃午饭和晚饭。所以妈妈和爸爸商议之后，决定每个月给特特500元生活费，让特特解决上学时的午饭和晚饭问题。特特从来没有拥有过这么多零花钱，所以在看到父母给他这么多钱时，他感到非常惊喜，接连问了妈妈好几遍："我每个月都可以有500元自由支配吗？"妈妈确凿无疑地对特特点点头，说："不是自由支配，是要在上学的日子里在学校吃午饭和晚饭。"经过反复确认之后，特特终于接受了这个惊喜，他当即就开始规划如何花费这些钱。

特特对自己的500元进行了详细规划，限制了自己每天午饭和晚饭的开销，居然每个月还能省下来一百多元。他很想把这一百多元积攒下来，因为这样一年就能攒到一千多元呢！特特想象着自己很快就会成为一个"富翁"，激动不已。然而，特特把事情想得太简单了。因为每天的开销都会有波动，并不会完全按照他的计划进行。例如，有一天特特给自己准备了 5 元吃晚餐，但是偏偏那天食堂里没有他想吃的晚餐，所以他只能吃 8 元的拉面，这使他超支了 3 元。还有一次，他一不小心把眼镜摔坏了，只能用自己的钱去修理。在这个过程中，特特深刻意识到那句老话，不当家不知柴米贵。以前，他总是一缺钱就跟妈妈要，一会儿要买文具，一会儿要参加活动……妈妈总是拒绝他，这让他感到不满意，现在他可算知道了，维持一个家庭到处都需要支出。妈妈作为当家人，必须把家庭经济管理好，否则家里就有可能面临入不敷出的情况。特特对妈妈非常理解，现在的他简直变成了一个小小的"守财奴"，对于自己花出去的每一分钱都精打细算。然而，特特还是缺乏自控力，常常购买计划之外的各种东西，如玩具、零食等。结果，第一个月才过去 20 天，特特的生活费就所剩无几了。特特只好找妈妈要钱，他对妈妈说："妈妈，如果你不支援我 100 元，我剩下的 10 天可能就要'吃土'了。"虽然特特很风趣幽默，但是妈妈的回答却是非常严肃的。妈妈对特特说："如果我和你一样，每个月在上半个月就把家里的钱花光了，那么下半个月我们全家人就都要'吃土'了。你还有多少钱？如果你剩下的钱还能将就着度过剩下的日子，我建议你还是勒紧裤腰带艰苦一下吧。"

　　特特当然知道妈妈是想趁此机会让他知道过日子的艰难，也趁此机会教育一下他，让他花钱不要大手大脚。最终，特特选择勤俭节约度过了剩下的 10 天，因为妈妈只愿意从下个月的生活费里预支 100 元给他，而不愿意多给他 100 元。有了这次的教训之后，在第二个月，特特花钱不但非常节俭，还严格按照计划行事。一个月下来，他居然

> 真的节省了100元钱,还放在妈妈那里储存了起来。

分析

现代社会中,各种各样诱人的商品实在是太多了。面对这些琳琅满目的商品,男孩如果稍不留神,就会把自己原本应该花一个月的生活费,在很短的时间内就花光。所以,面对各种消费的诱惑,男孩一定要有极强的自控力,也要保持理性消费,坚持非必要不购买的原则,这样才能让自己刚刚好的生活费花得恰到好处。

在这个事例中,特特在拿到第一个月的生活费500元时,感觉自己得到了一笔巨款,但是这笔巨款禁不住他花,才20天,他就把这笔生活费花光了。

所以,男孩一定要坚持合理消费,在必要的时候,如果手中有余钱,还可以进行理财,这样就可以以钱生钱。虽然男孩的钱很少,理财所得的收入也是很少的,但是有总比没有好。男孩不要眼高手低,也不要不把那些小钱看在眼里。俗话说,聚少成多,聚沙成塔。很少的金钱聚集在一起,同样会产生强大的力量。

解决方案

父母为了培养孩子的财商,帮助孩子树立金钱意识,教会孩子合理消费与理财,应该从各个方面对孩子进行引导。例如,父母本身就应该是精打细算型的家庭主持人,而不要花钱大手大脚,花钱如流水,否则就会给孩子带来负面影响。父母在家庭的经济生活中,也应该合理安排家中的储蓄,购买一些理财产品。在父母言传身教的影响下,相信孩子也会对于理财有更深刻的感触。

在必要的时候,也可以把家庭生活交给孩子管理一个月。例如,在一个月的时间里,给孩子 3000 元钱,让孩子负责家庭的整个开销,维持家庭的正常运转。当然,这是更进一步的考验。对孩子而言,要想在一个月内主持家庭生活,他们显然需要极其周全地计划,这可比他们安排好自己的生活更有挑战性。所以,父母也要给孩子做好配合工作。

除此之外,父母还要教会孩子理财知识,培养孩子的理财意识。很多孩子认为钱是节省出来的,其实这样的想法只对了一部分。父母要对男孩的合理消费进行引导,并不是说要让男孩成为守财奴,任何钱都舍不得花,而是要让男孩在该花钱的时候慷慨地花出去,在不该花钱的时候分角必争,这样男孩才能成为金钱的主人,而不是成为金钱的奴隶。

当男孩通过节俭积攒了人生中的第一桶金时,当男孩赚取了第一笔报酬时,他们会特别有成就感。这个时候,父母应该趁热打铁,趁此机会对男孩进行更深入的金钱教育。相信在父母的引导下,男孩一定会成为金钱的主人。

每日三省吾身

小故事

乐乐的学习成绩始终出类拔萃,再加上前段时间他在全国的机器人大赛中取得了很好的成绩,所以在初三即将结束之前,班主任老师帮助乐乐申请了保送名额，这也就是说，乐乐不需要参加中考，就能够直升本校的重点高中。

得知这个好消息，爸爸妈妈都惊喜不已，乐乐更是喜形于色。原本，他铆足了劲，正在全力以赴地复习和备考，现在他却情不自禁地懈怠了下来。当其他同学都在点灯熬油地复习时，他却已经呼呼大睡了；当其他同学在讨论中考的模拟卷时，他却正在悠闲地看课外书。看到乐乐突然之间这么放松，老师感到非常担忧。他几次三番告诫乐乐："即使被保送重点高中，也不能这么懈怠，因为初中的基础如果不能夯实，进入高中学习时就会面临很多困难。"

乐乐虽然表面上把老师说的话听进去了，但实际行动上没有一点儿改变。最终，老师只好使出杀手锏，对乐乐说："保送的事情学校还要进一步研究，因为你最近的成绩有了很大的退步，所以很有可能会取消你的保送资格。"得知这个消息，乐乐如同被霜打了的茄子一样，当即就蔫了下来。

晚上回到家里，乐乐把这个消息告诉了父母，父母得知这个消息之后也非常失落，但是他们知道，这并不意味着乐乐彻底失去了这个机会。了解了乐乐在学校里的表现之后，父母意识到问题的根源在于乐乐太得意忘形了，所以他们要求乐乐必须和以前一样努力上进，这样才能保住保送的机会。乐乐也意识到了问题的所在，他不断地反省自己在课堂上的表现，反省自己做作业的表现，反省自己与同学相处的表现。最终，他又变回了那个勤奋刻苦、受人欢迎的乐乐。毫无疑问，乐乐最终被保送到重点高中。有了这次的教训之后，他在高中里再也没有翘过尾巴。

 分　析

人非圣贤，孰能无过。每个人在生活中都会犯各种各样的过失或者错误，因此，我们一定要坚持自我反省。只有坚持自我反省，我们才能深刻地反思自己在思想和行为上出现的各种变化，也才能够不断地修正自己的道路，从而使自己始终处于正轨之上。只有坚持自我反省，我们才能避免因为喜悦而激动，避免因为喜悦而失去理性；只有坚持自我反省，我们才能看到自己犯下的错误，从而积极地改正错误，弥补不足。总而言之，每个人都需要自我反省，一个不擅长自我反省的人始终活在自己的世界里，对自己的表现沾沾自喜，等待他的就一定是退步。

自我反省就像是从自己的内心跳脱出来，从客观的角度看待自己。古诗云，不识庐山真面目，只缘身在此山中。那些不善于自我反省的人总是洋洋得意，狂妄自大，就是因为他们没有看到人外有人，天外有天。自我反省，首先要看到自己的优点和缺点，长处和不足，也要看到自己有哪些地方还需要改进。

坚持自我反省的男孩，能够在不断自我反省的过程中提升判断力，从而在面对很多事物的时候能做到理性地分析；坚持自我反省的男孩不会狂妄自大，也不会盲目自卑，他们知道自己既有优点，也有缺点，因而会尽量争取做到完美，也会面对自己的不足，坚持完善自己；坚持自我反省的男孩并不害怕犯错误，这是因为在犯了错误之后，他们会从错误中汲取经验和教训，不断地努力上进。

自我反省不要局限于一个方面，而是要做到全面反省。所谓全面反省，就是反省自己的思想，反省自己的行为，反省自己的为人处世。因为人是立体生动的，每个人的生活都涉及方方面面，所以反省也应该覆盖全面。在自我反省的过程中，我们渐渐地就会从错误走到正确，从迷惘走到清醒。

小贴士

坚持自我反省的男孩，对他人有更为宽容的心。很多男孩在面对他人的过错时，往往会迫不及待地纠正他人的错误，而不愿意宽容地对待他人。在养成自我反省的好习惯之后，他们会意识到自己也是有很多错误的，这样他们就能够更宽容地对待他人的错误，也就能够一步一个脚印地走向成功。

■ 善于管理时间，戒掉拖延症

小故事

在小飞的日思夜盼中，漫长的暑假终于到来了。小飞想趁着两个月的暑假时间彻底地放飞自我，然而，在正式放暑假之前，老师就布置了很多作业。想起这些作业，小飞就感到头疼。他一放暑假就把作业和书包藏到了柜子里，仿佛只要不看到书包，作业就不存在。不得不说，小飞这样的做法纯粹是掩耳盗铃，自欺欺人。

妈妈想让小飞制订一个作业计划，但是小飞并没有把这事放在心上，他只想趁着放假的机会彻底放松放松。看到小飞上学时那么辛苦疲惫，又这么抵触提起作业这件事情，妈妈也就任由小飞去了。转眼之间，时间过去了一个月，只剩下一个月的时间就要开学了，小飞还没有开始写作业。妈妈心想：何不借此机会好好地教训一下小飞呢！这么想着，妈妈打定主意不再去提醒小飞写作业了。就这样，小飞每天睡到日上三竿，晚上看书、玩游戏、看电视，半夜三更才睡觉，过着晨昏颠倒的生活。

小飞每天都在拖延，这导致他的作业迟迟没有开工。时间过得飞快，转眼之间又过去了半个月，还有半个月就要开学了。妈妈知道，如果小飞现在还不开始写作业，他就不可能完成作业了。但是，妈妈还是什么也没有说，什么也没有做。果不其然，距离开学只有3天的时间了，小飞才拿出书包开始写作业。他每天都早早地起床写作业，晚上也写到很晚。然而，两个月的作业怎么可能在3天的时间里都写完呢？在报到的前一天晚上，小飞写到夜里12点也没有完成作业。次日早晨，他要求妈妈给他请假，说他感觉头很晕，妈妈对他说："现在就量一下体温，如果体温高，就去医院输液打针；如果体温正常，就去学校报到。"妈妈当然知道小飞是想拖延交作业的时间，所以才会这么说的。

在妈妈的坚持之下，小飞只好忐忑不安地去了学校。中午回到家里，小飞进门的时候非常开心，这大大出乎妈妈的意料。原本，妈妈以为小飞会被老师狠狠地训斥一顿，沮丧地回家呢。谁知小飞一进门就兴奋地告诉妈妈："今天太幸运了，老师没有收作业。"说完，他就一头扎进卧室里，坐在书桌前又开始写作业，一直写到晚上10点半，小飞才勉强补完了所有作业。这个时候，妈妈对小飞说："小飞，这个暑假对你来说是一个教训。看看你这几天写作业有多么赶吧。妈妈早就跟你说过，凡事都要做在前面，这样后面才有时间回旋。但是你却不听我的。下次放假，不管是寒假还是暑假，你应该知道怎么过了吧！"小飞对妈妈点点头，说："下次我一定提前制订计划，而且要留出富裕的时间。"到了寒假，妈妈等着看小飞的表现。寒假放假的当天下午，小飞就制订了寒假学习计划，把作业平均分布在20天，而整个寒假是35天。这样一来，小飞就有了很多机动时间，可以彻底休息，例如，过年的时候，或者有亲朋好友到访的时候。

看到小飞的作业计划，妈妈由衷地给小飞点赞，对小飞说："虽然制订了学习计划，但是如果不能按照计划执行也是不行的，所以你还是要按照计划来执行呀！"小飞向妈妈保证："我一定会按照计划去做，放心吧！我保证只会提前，不会推后。"

分　析

经过这次教训，小飞意识到了时间管理的重要性，他再也不会无限度地拖延完成作业的时间了。虽然妈妈冒险放纵小飞拖延完成暑假作业，但是这件事给小飞带来的启示却是很深刻的。

时间是每个人做任何事情都需要付出的成本，但是偏偏有很多人根本不把时间成本放在心上。正是因为时间看不见摸不着，所以他们也就忽略了时间是做所有事情的最大成本。其实，古人早就明白了这个道理，他们说了很多关于时间的格言警句。例如，一寸光阴一寸金，寸金难买寸光阴；明日复明日，明日何其多，我生待明日，万事成蹉跎等。这些话都在告诉我们，一定要珍惜时间。

解决方案

作为男孩，要想形成自控力，就要学会管理时间，也要在为自己制订时间管理计划之后，严格地遵守时间计划，从而才能最大程度地利用时间。毕竟对于每个人而言，最宝贵的是生命，而时间是组成生命的材料。我们不知道生命会在何时戛然而止，也不能预期生命的长度，但是我们可以拓宽生命的宽度，让生命变得更加充实有意义，这也就相当于变相延长了生命。

在做好时间管理的同时,男孩还要努力戒除那些不良习惯。一些男孩有不好的学习和生活习惯,这些习惯会让他们在不知不觉间消耗大量时间。只有以好习惯代替坏习惯,发挥时间的最大价值,男孩才能真正成为时间的主人。只要男孩成为时间的主人,成功就会热情地向男孩招手。

■ 形成自控力,成为自己的主宰

> **小故事**
>
> 最近这段时间,乐乐迷恋上了玩电脑游戏。原本他只是在周末的时候才玩一两个小时,现在,每天晚上放学回到家里,他都忍不住要打开电脑先玩一会儿游戏,再去做作业。乐乐在学习上如此懈怠,爸爸妈妈看在眼里,急在心里,但是乐乐已经长大了,他们管教乐乐必须讲究方式、方法,所以就只能对乐乐旁敲侧击。爸爸妈妈不止一次地提醒乐乐,做人要有自控力,一个人如果连自己都掌控不了,又能掌控什么事情呢!然而,乐乐对这些话充耳不闻,根本不往心里去,甚至假装不知道爸爸妈妈说的就是他。
>
> 在经过一段时间疯狂玩游戏之后,乐乐的成绩下滑得很厉害。看到乐乐正面临中考,成绩却有了这么大的下滑,爸爸妈妈决定采取非常措施。首先,他们断了家里的网;其次,他们没收了乐乐的智能手机;再次,他们收起了电脑,不让电脑再出现在乐乐面前。不承想,这么做非但没有起到预期的效果,反而激起了乐乐的逆反心理。乐乐每天晚上哪怕不玩游戏,也不能专心致志地做作业。看到一向懂事乖巧、

在学习上积极主动的乐乐这样的表现，妈妈非常担忧，也开始反省自己对待乐乐的方法是否错了。

咨询了心理医生之后，妈妈确定了一点，那就是他们以这样的方式对待乐乐是不可行的。毕竟乐乐已经长大了，而且正面临中考，他有自己的思想，也有自己的主见。最终妈妈决定采纳心理医生给予的建议，即给予乐乐一定的时间玩游戏，同时要求乐乐保质保量地按时完成作业，在学习上保持进步的状态。在与乐乐进行谈判之后，爸爸妈妈与乐乐达成了共识。爸爸妈妈允许乐乐每天晚上玩半个小时游戏，但前提是乐乐要认认真真地完成所有的作业。在这样的协议下，乐乐一改常态，他在学习上又变得积极主动起来，这是因为他很想不受父母打扰，痛痛快快地玩半个小时游戏。

过了几个月之后，乐乐的游戏瘾没有那么大了。在反复地进行自我控制的过程中，他渐渐地意识到了自身的强大力量，感受到了拥有自控力的好处。后来，他在其他方面也表现出了很强的自控力，例如，早晨按时起床，晚上按时睡觉，每天坚持晨跑，坚持体育锻炼等。渐渐地，乐乐变得越来越自律，他不需要父母的督促，也能够适度地玩游戏了。

分　析

父母的管教越是严格，孩子就越是依赖。面对乐乐玩游戏上瘾的行为，父母采取的措施都是从外部规定和约束乐乐，这使乐乐的自控力无法得到发展。心理学家经过研究发现，一个人是否具有超强的自控力，决定了他们未来能否获得成功。当男孩进入青春期之后，会有很强的叛逆心理，这是因为他们认为自己已经长大成人了，迫不及待地想要摆脱父母对他们的管控。在这种情况下，父母又总是忍不住要管控孩子，所以就会与孩子产生各种矛盾与争执。

解决方案

与青春期孩子相处的一个重要原则，就是不要事无巨细地管控孩子，而是要给孩子更自由的空间。孩子必须在拥有自由空间的前提下，才能渐渐地形成自控力。否则，如果孩子被父母管到毫无空间，他们又怎么依靠自控力来做出一些选择或者决定呢？由此可见，发展孩子的自控力，首先要给孩子机会去选择，引导孩子自主决定，这是发展自控力的前提条件。

此外，我们还要认识到一点，那就是人的思想是非常灵活的，而且不受控制。一个人哪怕身陷囹圄，自己的思想也可以自由飞翔。所以，父母哪怕对孩子管教得再严，也不能控制孩子的所思所想。在这种情况下，父母要给予孩子更大的自由空间，让孩子在思想上与父母进行沟通，这样父母才能了解孩子真实的想法，也才能与孩子更好地互动。

小贴士

当孩子真正主宰了自己，形成了超强的自控力，他们就会成为自己的主人；当孩子成为自己的主人，他们也就会成为世界的主人。

2

与陌生人相处，害人之心不可有，防人之心不可无

社会处于飞速发展之中，社会上的人形形色色，鱼龙混杂。不管是好人还是坏人，他们的脑门上都没有写字。虽然男孩正在持续地成长，智慧不断增长，但是坏人的骗术也在持续更新，总是出人意料。所以，男孩必须保持进步的姿态，处处留心，尽管不能有害人之心，却要有防人之心，这样才能用火眼金睛识别坏人的真面目，也才能灵活机智，避免被坏人欺骗。特别是在面对陌生人的时候，男孩更是要提高警惕，树立安全的意识，保持防范的精神，这样才能避免坏人诡计得逞。

小心防范陌生人

小故事

奇奇已经10岁了,他觉得自己长大了,所以,最讨厌别人还把他看成是孩子。每当父母无微不至地照顾他,千叮咛、万嘱咐地告诫他一些事情的时候,他就感到心烦。他不止一次地告诉父母:"我长大了,我是一个不折不扣的男子汉,不要再叫我奇奇了,请喊我李佳奇。"

听到奇奇的话,爸爸妈妈总是忍俊不禁,因为在他们的心目中,奇奇不管长到多少岁,都是他们的心肝宝贝,都是他们的乖儿子,他们一定要全方位地照顾和保护奇奇。所以,妈妈也不止一次地告诉奇奇:"就算你现在已经100岁了,爸爸妈妈也会把你当成是我们的孩子,因为你就是我们的孩子呀!"

在爸爸妈妈无微不至的照顾下,奇奇衣来伸手,饭来张口,从来没有做过任何家务活,就连他自己该做的事情也都是由爸爸妈妈全权包办的。如今,奇奇已经10岁了,开始读小学四年级,班级里很多同学都已经独自上下学了,但是奇奇却还是由爸爸妈妈接送。虽然奇奇多次对此提出抗议,但是爸爸妈妈却无动于衷。他们每天轮流接送奇奇,只有看着奇奇回到家里开始写作业,他们才能放下心来。

有一天,奇奇又向爸爸妈妈提出要独自上下学,虽然被爸爸妈妈拒绝了,但是他锲而不舍,继续争取。最后,在他的不懈争取之下,爸爸妈妈终于答应让他独自上下学一个星期作为尝试。前3天,爸爸每天都悄悄跟着奇奇,看到奇奇过马路知道看红绿灯,也不与同学追逐打闹,爸爸才放下心来。第四天,爸爸没有尾随奇奇。直到放学之后一个小时，奇奇还没有回家，妈妈急得如同热锅上的蚂蚁一样团团乱转，当即给正在单位加班的爸爸打了电话。爸爸连忙放下手头所有的工作，火速赶到学校周围开始寻找奇奇的踪迹。

爸爸沿着学校到家的路线寻找了整整两遍，都没有看到奇奇，感到非常奇怪：奇奇到底去哪里了呢？在他开始进行第三遍搜索时，突然发现奇奇正沿着道路往家走呢！爸爸问奇奇："奇奇，你去哪里了？现在都已经放学一个小时了！"

奇奇看到爸爸非常兴奋，激动地说："爸爸，刚才有个老奶奶要去一个小区，她找不到路，而我正好知道那个小区在哪里，所以我就把她送到那个小区了，刚刚回来。"听到奇奇的话，爸爸感到后怕，当即责怪奇奇："你知道老奶奶是好人还是坏人，你就好心泛滥？如果老奶奶恰恰利用你的好心做坏事，你岂不是陷入危险中了吗？你以后还是不要这么做了。"

奇奇原本以为能够得到爸爸的表扬呢，却被爸爸一番抢白，还被爸爸告诫以后不许再这么做，他感到特别沮丧，小声嘀咕道："老师教育我们要热心助人，你怎么就让我们要冷血无情呢？"听到奇奇的质疑，爸爸解释道："不是不让你帮助他人，而是要在保证自身安全的前提下帮助他人。例如，你可以把老奶奶送到路口的警察身边，让警察通知她的家人来接她回家，这样岂不是更好吗？既帮助了老奶奶，你自己也很安全。"

爸爸的话让奇奇茅塞顿开，他点点头，说道："原来是这样，我怎么就没有想到呢？"爸爸趁机再次叮嘱奇奇："以后，你必须在家与学校之间两点一线，不能中途绕道去其他地方，否则我们就会收回你独立上下学的权利，继续接送你。"听到自己好不容易争取来的权利瞬间就要被收回了，奇奇赶紧答应了爸爸的要求，并且保证做到。

分 析

在当今社会成长的孩子，他们每天与家人朝夕相处，等到走出家庭进入学校之后，他们生活的环境依然是相对简单的。他们更多地与同学、老师接触，父母也竭尽所能地保持着孩子生活环境的纯净，让孩子在更为安全的环境中成长。但是父母不可能永远跟在孩子身边，更不可能永远保护孩子，所以父母要抓住适当的时机，对孩子进行安全教育。

如果孩子很少有机会与陌生人接触，那么一旦离开父母的身边，在社会的环境中接触到陌生人，他们就不知道应该如何与陌生人相处，也不知道如何防范陌生人。在现实生活中，很多骗子恰恰利用了孩子的同情心和善心，激发起孩子帮助弱小的感情，从而对孩子下手，使孩子受到伤害，甚至失去宝贵的生命。

当然，孩子并非生而就有安全意识。很多孩子生活在安全的环境中，不知道危险的存在，那么父母要有意识地锻炼孩子，让孩子知道生活总是危机四伏的。也有一些男孩本身性格大大咧咧，他们不管对谁都毫无戒备之心，这样会使自己面临很多危险。

解决方案

对于年幼的孩子来说，父母要教会他们远离陌生人，这是因为男孩并不熟悉陌生人，也不知道陌生人的心思。但是，父母又不可能每时每刻陪护在男孩身边，所以当男孩独自行动的时候，父母一定要告诫男孩不要与陌生人搭讪，更不要靠近陌生人。只有与陌生人之间保持安全距离，男孩才能保证自身安全。

随着不断成长，男孩活动的范围也在持续扩大，这使男孩面对危险的可能性大大提升。因此，男孩必须具有防范意识，掌握各种自我保护的方法，才能彻底地把危险从自己的生活中清除出去，也才能在面对危险的时候，真正做到保护自身的安全。

■ 对个人信息严格保密

小故事

经历过一次在网络上聊天,险些被人贩子拐卖的事件之后,志轩的安全意识大大提升。在与陌生人交往的时候,他总能保持安全距离;在网络上与陌生人聊天的时候,他也会坚决拒绝对方见面的请求。然而,志轩还有一点做得不太好,那就是他在与陌生网友聊天的时候,常常会说起自己的隐私信息,也会说出自己的家庭住址,以及父母的工作单位等。

有一次,志轩刚刚结识了一个陌生网友,正聊得起兴时,居然在对方的追问之下,说出了爸爸和妈妈的手机号。网友得到志轩爸爸妈妈的手机号之后,当时并没有做出异常的举动,但是过了几天,爸爸正在上班时,接到了一条诈骗信息。诈骗信息内容如下:你儿子在上学的路上发生了车祸,生命垂危,现在正在某某医院里抢救。请迅速给我转账5万元,否则你儿子的生命就危险了。

接到这条信息,爸爸的头脑瞬间一片空白,他当即就准备向那个账户汇款。但是转念一想:如果孩子真的遇到了车祸,老师为什么没有打电话过来说孩子没有及时到校呢?想到这里,爸爸强忍住担忧,先给班主任老师打了电话确认情况。通过跟班主任老师再三核实情况,爸爸得知志轩此刻正在教室里认真地听老师讲课呢!听到这个消息,爸爸悬着的心终于放了下来。

陌生人为何会给爸爸发这条短信呢?

爸爸第一时间就询问了志轩与网友聊天的情况。志轩有了上次的教训，还不等爸爸提出问题呢，就赶紧表态："爸爸，我跟别人聊天的时候是很小心的，从来没有答应与人见面。"爸爸肯定了志轩的做法，说："常言道，吃一堑，长一智。如果上次的经历能够让你长记性，那也是很好的。不过，你有没有告诉别人我和妈妈的手机号呢？"

听到爸爸这么问，志轩先是摇摇头，然后仔细一想，又忍不住点点头。看到志轩又是摇头又是点头，爸爸索性命令志轩："打开你的聊天工具，我要看一看你的聊天记录。"爸爸仔细查看了志轩的聊天记录，发现志轩几天前把他和妈妈的手机号都告诉了陌生人。

爸爸语重心长地对志轩说："你现在已经能够拒绝陌生人见面的请求了，也能够与陌生人保持距离，但是你没有保护好我们的隐私信息。你把我们的隐私信息透露给陌生人，如果他是一个犯罪分子，那么我们全家人的生命都有可能面临危险。"

说完，爸爸还把透露个人隐私信息的严重后果全都告诉了志轩，志轩这才知道，只是隔着屏幕聊天也会产生危险。他当即向爸爸保证，以后再也不会在网络上泄露隐私信息了。

解决方案

骗子的招数一直在更新，孩子的成长却很慢。父母除了要告诉孩子必须要注意的安全事项之外，当孩子做出一些不符合安全规则的事情时，也要及时对孩子进行深刻的教育。

男孩要想对个人信息严格保密，要做到以下几点。

首先，不要透露自己的姓名、班级和就读的学校，也不要透露自己的家庭住址、父母的姓名和联系方式，因为这些都属于隐私信息。有些孩子虽然对骗子有提防心理，也会对陌生人敬而远之，但是在外面玩耍的时候，对分发小礼物的人却毫无抵抗力。例如，有些人拿着小礼物边走边寻找机会送出去，并且要求接受礼物的人登记个人信息。在这种情况下，个人信息就会满天飞，泄露信息的人不知不觉间就会被骗子瞄上。

其次，一定要管好自己的嘴巴，尽量不与陌生人交谈。在必须与陌生人交谈时，要注意陌生人提出的问题有何用意，这对年龄较小的男孩来说可能有点难，但是只有处处留心，才能尽量保证自身和家庭的安全。如果男孩说话的时候不经大脑思考，将陌生人询问的信息毫不迟疑地和盘托出，那么不仅男孩自己，就连整个家庭也有可能暴露在危险中。

再次，谨言慎行。很多男孩自以为聪明，在得到陌生人的赞美或者逢迎的时候，马上就会打开话匣子，滔滔不绝地说起来。俗话说，言多必失，祸从口出。对于男孩而言，在谈兴浓郁的时候，他们根本意识不到有哪些话会导致个人信息泄漏，导致他们自身面临危险。

最后，当独自出行遇到陌生人的时候，男孩一定不要泄露自己是独自在外这条重要的信息，否则陌生人很有可能会产生歹意，做出伤害男孩的行为。在网络上进行聊天的时候，男孩也不要告诉陌生人自己正独自在家，更不要告诉陌生人自己家的地址，否则陌生的坏人就有可能找上门来伤害男孩。

总而言之，那些居心叵测的人总是在找各种各样的机会获悉信息，掠夺钱财，做尽坏事。为了不给这些坏人以可乘之机，男孩必须非常小心，才能竭尽所能地保护自己，保护全家人。

不要接受陌生人的食物

小故事

果果是个非常可爱的男孩，长得白白胖胖，肉呼呼的，五官端正漂亮，不管走到哪里都能吸引人们的目光。很多人因为喜欢果果，还会非常照顾果果。从小到大，果果习惯了大家的善意，因而警惕性很差。

有一天，妈妈带着果果去超市里进行大采购。正值周末，超市里正在进行大促销活动，很多商品都物美价廉。妈妈推着购物车不知不觉间已经买了半车，现在正在挑选鸡蛋呢！妈妈投入地挑选着鸡蛋，一转头却发现果果不见了踪影，不由得惊慌失措，当即大喊起来"果果，果果！"果果听到妈妈的喊声，在很远的地方回应道："妈妈，我在这里。"妈妈赶紧跑过去寻找果果，这才发现果果正站在冷冻柜附近吃着美味的冰棒呢。冰棒外面有一层巧克力的涂层，所以果果的嘴巴吃得黑乎乎的，看起来就像抹了黑色的口红，脸上也吃得像小花猫一样。看到果果吃得如此忘情和投入，妈妈又好气又好笑，她问道："果果，你从哪里弄的冰棒呀？超市柜里的东西是要付钱之后才能吃的。"

这个时候，正在旁边负责促销的促销员走了过来，对果果妈妈说："这位妈妈，这是我们送给小朋友吃的。这个小朋友太可爱了，正好有样品，就送了他一块儿尝尝。"妈妈当即感谢了促销员，然后带着果果离开了冰柜。

走到离促销员比较远的地方，妈妈停了下来，满脸严肃地对果果说："果果，以后不能随便吃陌生人给的东西。"果果对于妈妈的话完全不理解，他说："冰棒这么好吃，我为什么不能吃呢？而且那不是陌生人，是超市的促销员啊！"

妈妈问："那么，你看过他的工作证了吗？你知道他是真正的促销员吗？如果他是坏人，在冰棒里加入一些迷药，等你吃了不省人事之后，就会把你带出超市，那妈妈就再也找不到你了。"虽然妈妈说得很严肃，但果果还是不以为意。他有些生气地说："但是，超市的促销员是不会伤害小朋友的。"看到果果如此单纯，妈妈感到很无奈。

回到家里，妈妈找了一个视频给果果看。在这个视频上，有一个小朋友吃了陌生人给的东西，马上就失去了知觉。原来，那个陌生人是坏人。他当即扛起小朋友回到车子里，把小朋友的头发剃光了，还为小朋友换了衣服。等到父母出来找小朋友的时候，小朋友早已改头换面，被坏人带到了很远的地方。

看到小朋友再也找不到家了，因为被坏人折磨而非常想念爸爸妈妈，不停地哭泣，果果也流下了伤心的泪水。妈妈趁此机会赶紧对果果说："果果，坏人脸上可没有写字，与其因为嘴馋而去吃那点小零食，还不如彻底地拒绝呢！你想吃什么东西，爸爸妈妈会给你买的，但是在没有得到爸爸妈妈的许可之前，你千万不要吃陌生人给的东西。"果果认识到了这件事情的危险性，郑重其事地对妈妈点点头，保证以后再也不吃陌生人给的东西了。

分析

很多孩子都有嘴馋的毛病，如果父母平日里很少给孩子买零食吃，那么孩子只要吃到陌生人给的一点点零食，就会非常信任陌生人。在这种情况下，他们更容易上当受骗。

为了让孩子不至于被一块糖果骗走，在日常生活中即使家庭经济条件不是那么优渥，父母也应该给孩子准备一些零食，让孩子不至于因为眼馋零食就失去理性判断。在日常生活中与亲朋好友交往的时候，面对熟悉的人给予的零食，孩子也需要在经过爸爸妈妈同意之后才能接受。如果爸妈不同意吃他人给的零食，那么孩子就要控制住自己的欲望，不要随意地接受他人馈赠的零食。

还有一些孩子饮食无度，有很强烈的进食欲望。尤其是在面对美食的时候，他们更是无法控制自己。因为摄入了太多营养，所以他们变得越来越肥胖，身材走形，甚至患上各种肥胖引起的疾病。出现这种情况，对于男孩的身心都将是巨大的伤害。

解决方案

具体来说，男孩如何才能做到不接受陌生人给的食物呢？

第一点，父母要适当为孩子提供零食。有些父母坚决禁止孩子吃任何零食，这使孩子们对零食充满了好奇心，也没有抵抗力。俗话说，凡事有度，过犹不及。如果父母对孩子禁止过度，那么反而会起到相反的效果。明智的父母会给孩子提供适量的零食，让孩子满足自己的口腹之欲，这样孩子在面对零食的时候才有拒绝的能力。

第二点，任何时候，男孩要想接受他人的零食，都要征求父母的同意。在父母同意的情况下，男孩才能接受他人给予的零食。这样，父母就可以及时帮助男孩，保护男孩，从而避免危险发生。

第三点，最好让男孩儿养成不接受他人馈赠食物的好习惯。其实，不管是熟悉的人还是陌生人，在给男孩零食的时候，男孩都应该表示拒绝。在上述事例中，果果之所以没有经过妈妈的同意，就接受了促销员阿姨的馈赠，就是因为他从小到大都习惯于接受他人的馈赠。现在，妈妈再想纠正果果的坏习惯，显然是很难的，也是一个漫长的过程。

第四点，如果出于礼貌，不得不接受陌生人馈赠的零食，那么在对零食怀有疑虑的情况下，可以等到陌生人离开之后把零食丢掉。或者让父母判断是否能够食用后再选择是否吃掉。总而言之，我们既要对陌生人保持警惕，也要给陌生人留下有礼貌的印象，这样才能建立良好的社交关系。

■ 不给陌生人开门

小故事

这个周末，爸爸妈妈都很忙。因为他们都接到了单位的加班通知，所以必须要去单位加班。原本，爸爸妈妈不放心让志轩独自留在家里，想让志轩跟着妈妈去单位，但是志轩坚决不愿意和妈妈去单位，因为在妈妈的单位里没有任何好玩的东西，也没有小伙伴，除了写作业，就只能看书，这让他感到非常无聊。基于这样的想法，志轩向爸爸妈妈提出请求，他想乖乖地留在家里看书，认真地完成作业，玩一会儿电脑游戏。总之，他再三向爸爸妈妈保证，他一定不会在家里调皮捣乱的，而且会保证自己的安全。在志轩的反复恳求和再三保证之下，爸爸妈妈尽管有一万个不放心，但是上班的时间已经到了，他们只好答应了志轩的请求。

第一次独自留在家里，志轩非常兴奋，他感受到前所未有的自由。他先是看了两集动画片，一边看着动画片，一边吃着零食，非常惬意，然后又玩了半个小时的游戏。中午12点前后，志轩吃了妈妈上班前为他准备好的午饭。他刚刚把厨房垃圾收拾好，正准备开始写作业呢，突然传来了敲门声。

猝不及防的敲门声让志轩吓了一跳，因为爸爸妈妈并没有说过会有客人来家里，也没有说有快递要送来。那么，到底是谁在敲门呢？志轩紧张地问道："谁呀？"他一边问，一边透过猫眼向外看去，发现有个人正站在他家门口。这个人既不是爸爸妈妈的同事或者朋友，也不是家里的亲戚。志轩迟疑了，没有当即打开门。

志轩隔着门又问道："你是谁？做什么的？"陌生人告诉志轩："我是免费清洗油烟机的，可以帮助您家清洗抽烟机。"天上居然会掉馅饼？志轩一听到这个好消息，当即激动起来。他想起来妈妈上一次专门找人来清洗油烟机，居然花了好几百块钱呢！如果这次趁着爸爸妈妈去上班的机会，他在家里让人把油烟机清洗得干干净净，还不花一分钱，爸爸妈妈回家之后一定会非常惊喜吧！这么想着，志轩正准备给陌生人开门，突然又想起爸爸妈妈再三叮嘱他不要给任何人开门。这个时候，志轩又迟疑了，他决定打电话询问妈妈。

志轩在电话里问妈妈："妈妈，有清洗油烟机的人正在咱家门口。我要给他开门，让他清洗吗？"妈妈听到志轩的话，当即紧张地喊道"不行！不行！不行！"妈妈一连说了三个不行，让志轩知道这件事情是绝不可行的。志轩向妈妈保证他不会开门之后，就与妈妈结束了通话。陌生人在外面又敲了几次门，听到屋里一点动静都没有，就悻悻地离开了。

傍晚时分，妈妈回到家里。志轩纳闷地问妈妈："妈妈，清洗一次油烟机要好几百块钱，现在有人免费清洗，你为什么不清洗呢？"妈妈反问志轩："你怎么知道他是清洗油烟机的呢？天上不会掉馅饼，他说不定正是借着这个借口想要进屋行凶作恶的呢。"志轩恍然大悟，这才知道坏人会以各种各样的面貌出现。

分析

很多坏人在真正决定做坏事之前，都会提前去目标的居住地了解情况。例如，小偷会挨家挨户地敲门，看看谁家里有人，谁家里没人。如果家里没人，他们就会趁机行窃。如果家里有人，他们就会逃之夭夭。总之，他们会寻找各种机会摸清楚各户人家的情况，从而寻找机会下手。当然，坏人们也知道，现在居民们对陌生人的警惕性是很高的，一般不会给陌生人开门，所以他们会挨家挨户地敲门，以清洗油烟机等名头行骗，或者是为非作歹。幸好志轩在激动地给坏人开门之前，先打电话问了问妈妈，才避免了危险的发生。

那些被坏人欺骗的人都有一个共同的特点，那就是他们都很贪小便宜。在这个事例中，如果事先知道天上不会掉馅饼，世界上没有免费的午餐，那么，志轩就会明白原本价值几百元的清洗油烟机服务是不会白白送上门来的，他也就不会因为坏人讲出了免费清洗油烟机这个借口而心动。

解决方案

现代社会，网络十分发达，很多人都热衷于网购，所以很多人家里经常会有快递。如果父母不在家，孩子独自在家，遇到有陌生人敲门的情况下，孩子切勿给陌生人开门。哪怕知道对方是来送快递的，也可以让对方把快递放在门口，这样就避免了开门后与对方面对面。可以等到对方离开之后，孩子再打开门取快递，或者索性等到父母回家的时候再把快递拿进屋子里，这当然是更好的处理方法。

家应该是一个安全的所在，前提是我们能够守住家的大门。男孩切勿仗着自己没有钱可以被坏人抢，就放松了警惕。要知道，人身安全是最宝贵的，男孩只有先保护好自己，才能够保护好整个家庭。

男孩在不得不独自留在家里的情况下，手边要有通信工具，如座机或者手机，这样在听到门口传来异常的响动时，可以及时拨打电话求救。有的时候，如果听到门口传来异常的响动，也可以把门锁好，在窗户的位置求救。因为坏人都是非常心虚的，当他们知道男孩正在大声呼救时，就会仓皇逃跑。

男孩不管做出怎样的求救举动，都要以意识到危险正在逼近为前提。如果男孩丝毫没有意识到所处的环境会带来危险，那么他们又如何能够做到积极求救呢？所以男孩独自在家的时候，千万不要给陌生人开门，这样哪怕陌生人想要破门而入，男孩也可以争取到更多的时间为自己赢得救援。但是，一旦男孩主动打开了门，居心叵测的坏人就会进入家里，把男孩控制起来，这样即使男孩想要求救，也根本不可能做到，还会因此而陷入危险之中。

小贴士

家门应该永远只为家人或者家里的亲戚朋友打开。在父母不在家的情况下，如果父母没有提前叮嘱男孩做什么，或者对男孩作出安排，即使是父母的朋友、同事来拜访，男孩也不能打开房门，让这些人进入家里。

■ 给陌生人指路而不带路

小故事

自从上次在试着独立上下学的路上送一个老奶奶去所在的小区，被爸爸严厉批评之后，志轩在上下学的路上始终秉承着家与学校之间两点一线的原则。有的时候，遇到陌生人向他问路，他也会隔着很远的距离给陌生人指路；遇到陌生人无缘无故地和他搭讪，他更是一溜烟跑得飞快，离陌生人远远的。

有一天，志轩在放学回家的路上遇到了一位老爷爷。老爷爷问志轩："小朋友，你知道清河家园在哪里吗？"志轩告诉老爷爷："清河家园距离这里不远，坐公交车一站地就到了。"老爷爷说："我是外地人，没有公交卡，才刚刚来到这个城市。而且，我也不知道应该怎样坐车。你能送我过去吗？或者，这个小区和你家顺路吗？如果顺路的话，我可以跟着你走。"

志轩想了想对老爷爷说："我可以告诉你怎么坐公交车，但是我不能把您送到小区去。爸爸妈妈告诉我，我可以给陌生人指路，但不能给陌生人带路，否则如果你是坏人，我就会落入你的魔掌，再也逃不出来了。"听到志轩的话，老爷爷乐得哈哈大笑。

志轩在距离老爷爷几米远的地方，大声告诉老爷爷应该如何搭乘公交车。然而，老爷爷也许是因为年纪大了，听不太清也听不懂志轩的话。这个时候，他靠近志轩，想让志轩为他画一幅地图。志轩看到老爷爷突然靠近自己，警惕地连连后退，并对老爷爷说："你不要靠近我，我不能让陌生人靠近我。"看到志轩的安全意识这么强，老爷爷情不自禁地对志轩竖起了大拇指。这个时候，正好有一个巡逻的交警路过志轩身边，志轩当即喊道："警察叔叔，警察叔叔！"

交警听到志轩的喊声停了下来，询问志轩是否需要帮助，并且怀疑地看了一眼老爷爷。这个时候，志轩告诉警察叔叔："这个老爷爷想去清河家园，但是他不知道在哪里。我为他指路，他也听不明白，他想让我给他画地图。可是爸爸妈妈告诉我不能靠近陌生人，所以您能不能告诉他如何坐公交车呢？"这个时候，交警对老爷爷说："老人家，我带您去公交车站吧。"就这样，交警把那位老爷爷带走了，志轩抓紧时间回到家里。

回到家里之后，志轩把自己在路上的经历告诉了爸爸妈妈，爸爸妈妈当即异口同声地表扬志轩："志轩，你这次做得非常好。我们既不能给陌生人带路，也不能靠陌生人太近。有需要的时候，可以向警察求助，这样既帮助了陌生人，又保护了自己。看来，志轩真的可以独立上下学了呢！"志轩得意洋洋地说："我就说吧，我已经长大了！"

后来，妈妈给志轩讲了一个故事。有一位美丽的女孩在护士学院上学，她还很年轻。在路上遇到一个假装肚子疼的孕妇。

看着孕妇急需帮助的样子，美丽的女孩动了恻隐之心。她当即上前搀扶，准备将其送回家，并且发微信给一位朋友："送一名孕妇阿姨，她到家了。"

但让女孩万万没有想到的是，她的这一善举令她失去了宝贵的生命。原来，这个孕妇因为怀孕而无法满足丈夫的需求，所以就故意引诱女孩回家，给丈夫发泄兽欲。而两位犯罪分子又害怕罪行暴露，而杀害了这位女孩。

听了妈妈讲述的故事，志轩不可思议地瞪大了眼睛，张大了嘴巴。他哪里知道，在这个世界上，最可怕的不是妖魔鬼怪，而是险恶的人心呢！

分析

坏人做坏事的手段花样百出，如今，有些坏人会在独居的单身女性门口播放婴儿啼哭的声音，那些女性在听到婴儿急促的啼哭声之后，动了恻隐之心，打开家门查看情况，就可能让坏人趁机进入室内，劫财劫色，危害单身女性的生命安全。

作为男孩，固然要有乐于助人的心，但也要有很强的自我保护意识，在不能确保自身安全的情况下，还谈何帮助他人呢？如今，男孩要想保障自身的安全，就一定要时刻保持警惕，一定要时刻留心。不管是面对网络上的陌生人，还是面对现实生活中向自己求助的陌生人，男孩都要保持安全距离，不要轻易相信陌生人所说的话。既然危险无处不在，我们就要时刻以防范他人的心来确保自身的安全，铸就我们自身安全的防护墙，这样才能远离危险，才能平安快乐地成长。

3

行走社会，小心驶得万年船，稍有疏忽就湿鞋

俗话说，常在河边走，哪有不湿鞋。对于男孩而言，在社会中生活经常会遇到各种各样的危险，也会因为疏忽而做错一些事情。男孩只有小心，才能驶得万年船。一旦因为疏忽而犯下错误，就很容易给自己带来无尽的麻烦。在社会生活中，男孩更是要多多注意自身的安全问题。

贪小便宜吃大亏

小故事

夜半时分，小马被同宿舍的同学紧急送到了医院里。原来，睡到半夜的时候，小马突然觉得腹部剧痛，而且上吐下泻，很快人就脸色蜡黄了。一开始，同学们以为小马只是普通的拉肚子，并没有放在心上，继续呼呼大睡。小马一趟又一趟地跑厕所，没多久，就感到自己气若游丝，浑身一点力气都没有，因而赶紧叫醒同学："快送我去医院吧，我觉得我快要不行了！"听到小马这么说，同学们都非常紧张，他们一边通知老师，一边火速把小马送到了医院。

到了医院之后，医生通过小马的症状，诊断出小马患了急性胃肠炎。但是，这是由什么引起的呢？医生询问小马："今天晚上你吃了什么？"在医生的追问之下，小马突然想起自己晚上吃的东西，不由得支支吾吾起来。那么，小马到底吃了什么呢？同学们纷纷说道："一般，我们的食堂提供面条、水饺、米饭等，虽然味道不是很好，但是质量应该是没问题的。"

医生摇摇头，说："不对，他这就是典型的胃肠炎，是食物中毒的症状。你肯定是吃坏了东西，你快想一想，除了吃食堂里的东西，你还吃了什么？"尽管小马吞吞吐吐，医生却毫不气馁地继续追问，小马看到隐瞒不过去了，只好低着头小声说："我……我……我喝了两瓶过期的酸奶。"听到小马的回答，同学们纷纷说道："酸奶都过期了，你还喝什么呢？是不是喝完之后才发现过期的？"

小马摇摇头，说："那酸奶是在学校门口的地摊上买的。学校门口经常会有人来摆地摊，卖乘客们不能带上飞机的东西，里面有刚刚拆封的辣椒酱，还有这样的酸奶。我想着才过期几天应该没关系，平时超市要卖六七块钱一瓶的酸奶，现在才卖一块钱，所以我就买了两瓶。"

同学们听到小马的讲述，都发出唏嘘声，医生严肃地对小马说："看看吧，你为了省钱，喝了两瓶地摊上买的酸奶。且不说那酸奶过没过期，地摊上的酸奶质量也没有保证呀。如果是假货呢？今天晚上你必须输液，明天最好再输一次。这样一来，至少要花几百块钱。想想吧，这些钱够你买多少盒酸奶了！"

小马羞愧得一声不吭。幸运的是，在输了两次液之后，小马的胃肠炎有了好转。后来，医生又给小马开了几天的口服药。吃完了这些药，小马终于恢复了活力，又变得活蹦乱跳了。从此之后，小马再也不敢贪便宜，吃那些过期的和来路不明的东西了。

分析

人们常说，贪小便宜吃大亏，这句话其实是非常有道理的。在这个事例中，小马因为贪两瓶酸奶的小便宜，结果花了几百元钱才治好了胃肠炎，还因此而耽误了学习。如果小马能够慎重地对待入口的东西，想喝酸奶就去超市里买，哪怕少买一点，也可以满足自己的口腹之欲，这样就不会因为饮食不当而患上胃肠炎了。

遗憾的是，很多人都并不认为自己很贪心。他们明明每时每刻都想占小便宜，但是却觉得自己只是想省钱而已。不得不说，有些钱是可以省的，有些钱却是不能省的。不管什么时候，我们都要把自己的金钱花到该花的地方去，这样才能实现金钱应有的价值，也才能保障自身的生命安全。

很多男孩都想花更少的钱办更多的事，或者不费吹灰之力就得到一些好处，一些男孩虽然平日里会保持警惕，让自己不要占小便宜，但是在关键时刻却会短暂地失去理性，情不自禁地想要占便宜。

当然，想要花更少的钱办更大的事情，或者想要轻轻松松就有所收获，这都是人的本性，也是合乎情理的。但是凡事有度，过犹不及。我们必须明白一个道理，那就是在这个世界上，没有任何东西是完全免费的，也没有任何便宜会从天而降，砸到我们的头上。人们常说"会买的哄不过会卖的"，这句话的意思就是说一个人即使特别精明，特别会买东西，也不可能平白无故地就得到东西。而对于卖东西的人来说，必须要赚取利润才会把东西脱手。如果一个商品的价格远远低于市场价格，那么我们一定要引起重视，保持警惕，而且要认识到这个商品的质量可能有问题，因而要慎重地购买。

很多时候，便宜的背后都隐藏着一个可怕的陷阱。当我们迫不及待地想要占便宜的时候，就会掉入这个陷阱之中，付出惨重的代价。很多男孩涉世未深，在发现有便宜可占的时候，他们往往只看到便宜，而没有看到便宜背后隐藏着的陷阱，结果导致自己受到了严重的伤害。唯有在任何时候都具有防范的心理，男孩才能有效地保护自己。

面对那些诱饵，我们必须时刻保持清醒的头脑，时刻保持理性，坚持进行理性的思考和判断。如果实在拿不定主意，又不能做到坚决拒绝这样的诱惑，我们至少要和身边的家人、朋友多多商议，从而集思广益，避免上当受骗。

解决方案

每个男孩都要学着自己长大。随着不断成长，男孩会离开父母的保护，独立自主地面对世界。俗话说，吃一堑，长一智。也许男孩会一次又一次地吃亏上当，但是在这个过程中，他们会汲取经验和教训，促使自己不断地成长，也会更加清楚地知道自己应该如何避免"贪小便宜吃大亏"。

具体来说，男孩要做到以下几点。

第一点，不要奢望不劳而获。在这个世界上，没有谁不需要劳动和付出就能够有所收获，所以当面对不劳而获的好机会时，一定要想一想对方为何要如此善待自己。如果对方是父母，那么我们要感恩父母对我们的无私付出；如果对方只是一个陌生人，那么我们一定要提高警惕，弄清楚对方的真实用意。

第二点，坚决不占便宜。虽然人的心理都是贪婪的、爱占小便宜的，但是男孩要想保护好自己，就要坚决拒绝占便宜。不仅男孩喜欢占便宜，很多成人也喜欢占便宜。占便宜是一种非常糟糕的行为习惯。当一个人占便宜成瘾时，他就会越来越懒惰，不愿意通过自身的努力来创造属于自己的生活，因而只能不断投机取巧。

第三点，凡事亲力亲为。占便宜的人除了想在经济和物质上不劳而获之外，也想在精力和体力上给自己省事。每个人都肩负着自己的责任，如果想通过占便宜的方式对自己的责任敷衍了事，对自己的工作或者学习任务漫不经心，那么最终的结果只会是一无所获。例如，有些孩子看到作业题目很难，不想动脑，不想用心思考，就会在第二天提早到校，抄写其他同学的作业。日久天长，孩子在完成作业的过程中就会懒于动脑，学习成绩自然一落千丈。

第四点，拒绝诱饵。一个陷阱要想捕获猎物，必须依靠诱饵来引诱猎物。所以面对那些诱人的诱饵，我们一则要时刻保持清醒和理智，要相信这个世界上没有白白占便宜的好事；二则要相信自己必须靠着真才实学完成很多事情。当我们真正做到关注自我，不贪婪，不妄求时，我们就会在人生中避开很多弯路，行走在人生的康庄大道之上。

不坐黑车

小故事

　　这天下午放学之后，小鹏因为出校门比较晚，所以错过了最后一班公交车。平日里，他都是乘坐公交车回家的，既然现在公交车已经扬长而去了，他就只能自己想办法回家了。他站在路边，陷入了沉思：我是步行回家，还是让妈妈帮我打车回家呢？听妈妈说，打出租车需要十几元钱，但是黑车应该很便宜，只要几元钱吧。那么，我可以自己打黑车回家，正好我还有钱呢！这么想着，小鹏就没有给妈妈打电话，让妈妈帮他打出租车，而是独自朝着黑车走去。

　　黑车看到小鹏是学生，问小鹏："小朋友，是不是要回家？"小鹏点点头。黑车司机热情地招呼小鹏："那就快点上车吧！"小鹏有些迟疑，问道："我要去润华小区，请问需要多少钱？"黑车司机热情地拉着小鹏上了车，同时说道："我一看你就是个学生，不要担心，不会多要你钱的，放心吧！就给5块钱吧，行吧？"听到黑车司机只要5块钱，小鹏感到非常惊讶，因为他记得妈妈有一次给他打了一辆正规出租车，居然要14块钱。这么想着，小鹏没有再表示犹豫，而是乖乖地跟着黑车司机上了车。

　　上了黑车之后，小鹏发现司机开得特别快。他问司机："师傅，您能开慢一点吗？太快了，不安全。"司机说："我要是开得太慢了，你给我5块钱，我怎么能够成本呢？一则我开车送你回家要烧汽油，二则我的时间也是成本。而且，送完你这趟，我还要送别的客人呢！"司机说着，非但没有减速，反而更重地踩油门儿。正在这个时候，岔路上开过来一辆渣土车，渣土车与飞速行驶的出租车撞击在一起。在这一瞬间，小鹏失去了意识。

等到再醒来的时候，小鹏发现自己正躺在医院的病床上，爸爸妈妈都守在他的身边。他想张嘴说话，却觉得张不开嘴巴；他想挪动自己的手，却发现自己根本无力抬起手来。他只能以眼神示意妈妈，询问妈妈到底发生了什么事情。妈妈看出小鹏的迷惘，哭着对小鹏说："小鹏，你终于醒来了！你已经昏迷好几天了。"听到妈妈的话，小鹏的眼睛里流露出惊讶的神情，他这才想起失去意识前最后的情形，意识到自己肯定身受重伤了。

原来，出租车与渣土车撞在了一起，小鹏正好坐在相撞的那一侧。在那一瞬间，他受到了剧烈的冲击，浑身多处骨折，头部也严重受伤。而黑车司机呢？因为不是正规的出租车，也没有单位可以代替他赔偿，黑车司机自己也根本无力赔偿。更何况，黑车司机自己也受伤严重，至今还躺在医院里呢。经历了这样的事情，小鹏感到非常懊悔。妈妈对小鹏说："以后再也不要贪便宜坐黑车了。因为一旦发生了交通事故，我们连索赔的对象都没有。如果乘坐正规的出租车，他们至少能够赔偿出医院的费用，我和爸爸也就不至于为钱发愁了。而且，正规的出租车司机都是受过专业训练的，具有更高的职业素养，不会为了节省这几分钟的时间玩命地往前开。"小鹏羞愧地眨了眨眼，示意爸爸妈妈他已经记住了这番话。

分析

在现实生活中，除了正规的出租车外，还常会遇到很多的非法运营车辆。在这个事例中，小鹏为了节省几元钱，选择了乘坐黑车回家，结果在路上发生了严重的车祸。黑车司机虽然要价很低，但为了在有限的时间里拉更多的客人，完成更多的单子，就玩命地加速，因此他们在载客过程中经常会发生各种事故。

除了有可能会发生意外交通事故之外，在乘坐黑车的时候，还有可能会遇到其他的人身危险。例如，来路不明的司机有可能对男孩造成人身伤害，甚至还有可能会抢劫男孩的钱财，这对男孩而言都是很危险的。

有些男孩感到无所谓，因为他们经常乘坐本小区的黑车，还说自己与黑车司机是邻居呢！但是一旦发生意外情况，男孩这样的做法同样会导致严重的后果，这是因为意外并不因为人情就饶过任何人。所以男孩要想保障自身的安全，只有坚决拒绝乘坐黑车。

解决方案

对于男孩来说，如果必须乘坐黑车，否则就无法出行，那么应该怎么办呢？具体来说，男孩一定要做好以下的安全措施。

第一点，不要坐在司机旁边，而是要与司机保持一定的距离。只有坐在司机不能触碰到的地方，男孩才是更安全的。万一司机想要做出不轨的事情，男孩就可以及时拨打求助电话，保证自己的人身安全。

第二点，一旦乘坐黑车出行，要在第一时间告诉家里人自己此刻身在何处，最好告诉家里人黑车的车牌号，这样黑车司机有所忌惮，就不敢为非作歹了。

第三点，任何时候都要保障自身安全。不管发生了怎样的情况，都要拒绝黑车，确保自己的生命安全。正如奥斯特洛夫斯基在《钢铁是怎样炼成的》中所说的，生命是最宝贵的，对于每个人都只有一次机会。所以我们一定要珍爱生命，远离黑车。

第四点，做好出行规划。作为男孩，要想避免乘坐黑车，就要了解家或者学校附近公交车运行的时间点，也可以大概了解一下在哪个地方更容易打到车。如今，乘坐出租车，不仅有招手即停的方式，也可以通过手机进行打车。如果男孩没有智能手机，或者手机上没有安装打车软件，那么可以联系父母，让父母帮助自己打车，这都是非常便利的，也是非常安全的。

> **小贴士**
>
> 总而言之，交通意外一旦发生，就会给男孩的生命安全带来很大的威胁。男孩要想保证自己的健康，就要保证交通出行安全，毕竟每个人不可能永远待在家里。一旦走出家门，走入社会开始工作，男孩活动的范围就会越来越大。在这种情况下，男孩要具有火眼金睛，慎重地选择最安全的交通工具出行。

不搭乘陌生人的车

小故事

2017年4月，硕士毕业于北京大学的章莹颖去了美国伊利诺伊大学进行交流学习。6月9日，她原本与房东约定好签订房屋租约，却没想到就此失联。那么，章莹颖到底去了哪里呢？警方经过调查发现，她在离开学校之后上了一辆黑色的车，这辆黑色的车也许就是载着章莹颖奔向人生末路的最后的交通工具。

经过很长时间的调查，最终他们抓捕了杀害章莹颖的凶手，而这个凶手恰恰就是章莹颖上车的车主。

对于章莹颖遇害的案件，很多人都保持着密切关注。然而，这个

> 残忍的杀人凶手最终被判处终身监禁,并没有被判处死刑,这让章莹颖的亲人无比痛心。

分析

因为上了陌生人的车而遭遇危险的事情时有发生。对于男孩来说,他们虽然不像女性那么柔弱,却也不要仗着自己身强体壮,就上陌生人的车。因为车是一个密闭的空间,而且处于高速移动的状态之中,一旦上了车,男孩的性命就掌握在司机的手里。从这个意义上来说,上陌生人的车就相当于把自己的生命托付给了对方。这么想来,男孩就会知道上陌生人的车有多么危险了。

很多男孩并没有自己的交通工具,因为他们正在上学,还没有独立的经济来源,所以他们主要以乘坐公共交通工具为主。当有机会可以搭乘私家车的时候,他们就会非常心动,在这种情况下,他们往往会毫不迟疑地把自己的生命安全交付给车主。如果这是一辆陌生人的车,那么就很有可能发生危险。

而且,即使不是陌生人的车,而是那些有过一面之缘或者不太熟悉的人的车,男孩也要慎重。这是因为知人知面不知心,我们不知道车主究竟是一个怎样的人。通常情况下,男孩会从报纸、电视节目中看到那些令人发指的犯罪事实,但是他们对于这些犯罪事实并没有非常直观的感受,所以有一些乐观的男孩会认为这些犯罪的行为只会发生在别人的世界里,跟自己是无关的。不得不说,这么想的男孩真的太缺乏风险意识了。实际上,任何危险既有可能发生在他人身上,也有可能发生在我们身上。既然害人之心不可有,防人之心不可无,我们就应该随时随地防范危险的发生。

每当发生那些恶性的治安事件时,很多人就会把这些事件的原因归结为社会环境不好,或者归咎于社会的治安很糟糕,还会指责相关部门没有严厉打击犯罪分子。不得不说，我们作为自己生命的主宰，应该靠自己去保证自身的生命安全，而不要总是把希望寄托在其他人身上或者其他机构上。因此，我们必须要具备很强的安全防范意识，在各个细节方面做好安全防范工作，这样才能保证自身的安全。

正因如此，我们才要再次强调不能乘坐非法运营的车辆，因为这些黑车的相关信息在相关的机构没有进行过登记，或者登记情况与真实情况不符。这使得车主很有可能因为冲动而犯罪。虽然在这个世界上还是好人多，但是哪怕只有很少的坏人，也会使这个世界不像童话世界里那样单纯美好。如果不想成为悲剧的主角，男孩就一定要绷紧安全这根弦。

遗憾的是，时光从来不能倒流，一旦我们上了陌生人的车，置身于危险之中，再想下车就会非常困难。如果章莹颖当时没有上陌生人的车，如果她能够在发现自己即将迟到的时候，及时打电话通知房主自己会晚一些到达，如果她能够和同学一起去签约房屋租赁合同，那么她的人生就不会定格在那个可怕的时刻。迄今为止，杀害章莹颖的凶手依然没有交代章莹颖的尸体到底藏在哪里，章莹颖的父母去了美国，想要带章莹颖回家，却始终找不到尸体。他们的这个愿望落空了，他们的心也碎了。

解决方案

为了避免发生这样不可挽回的悲剧，我们必须要有足够的安全意识，不管是坐正规的出租车，还是搭乘熟人的车，我们都要把自己的位置信息告诉第三方。尽量不乘坐"顺风车"或拼车出行。这样，当我们在预定的时间没有到达既定地点的时候，至少还有那些知道我们去向的人会及时寻找我们，或者救援我们，遇到危险的可能性也会降到较低的水平。

尤其是在去那些偏僻的地方时，男孩尽可能不要独自一人前往，而是要让家人或者朋友陪伴着我们。

那么，男孩如果严密保护自己，却依然不幸地遇到危险，又应该怎么做呢？很多男孩仗着自己是男性，身强力壮，所以会以激烈的方式反抗对方，或者与对方拼死搏斗。在这样的情况下，男孩难免会对自己或者对对方造成伤害。如果发现双方实力悬殊，一定不要说出那些尖酸刻薄的语言刺激对方，更不要以武力激怒对方，而是可以先采取缓兵之策安抚对方，从而保障自身的人身安全。而在有些情况下，对方也许只是想要得到更多的财物，那么与其为了保护钱财而与对方硬拼，不如把财物交给对方，从而达到破财消灾的目的。毕竟和生命相比，一切的财物都是可以舍弃的。

总之，一旦搭乘陌生人的车，我们就会失去主动权，变得非常被动。既然如此，我们就要避免搭乘陌生人的车，要更加小心谨慎，切勿粗心大意。即使是身强体壮的男孩，在上了陌生的车之后，也会置身于危险之中，所以男孩需要时刻保持警惕。

深夜，不要独自出门

小故事

昨天晚上上完晚自习之后，赵鹏决定不直接回家，而是去买一副耳机。听到赵鹏要去买耳机，平日里和赵鹏一起上下学的张伟很不放心，他提醒赵鹏："现在天已经黑了，特别不安全。要不我陪你一起去吧！"赵鹏不以为意地说："我是个大男人，又不是娇滴滴的小姑娘，放心吧！我买完了就回家，就不耽误你的时间了，你赶紧回家写作业吧，这样还能早点睡觉。"

张伟又劝说赵鹏："要不，明天中午我们利用吃饭的间隙出去买吧，这样还安全一些。"赵鹏还是拒绝了张伟的建议，他说："只需要10分钟就买完了，你赶紧回家吧，不要婆婆妈妈啦！"张伟见状，只好先回家了。

为了节省时间，赵鹏一路小跑地奔到超市。他到超市的时候，超市马上就要关门了。他进入超市，发现超市里空无一人，他在卖耳机的地方急急忙忙选了一个耳机，付了款。出来的时候，他发现原本簇拥着往校外走的同学们都已经火速回家了，所以校门口空空荡荡的，没有一个人。

赵鹏独自走在路上，心里一直在打鼓。这个时候，一辆摩托车出现在他身后不远的地方，但让他感到奇怪的是，这辆摩托车速度非常慢，一直跟在他的身后。他走得快，摩托车就跟得快；他走得慢，摩托车就跟得慢；他假装系鞋带停下来，摩托车居然也停了下来。他这才意识到了危险，心里暗暗想道："这辆摩托车到底要干什么呢？简直太可怕了！难道要抢我的书包？可我的书包里都是书啊，又没有钱！"

正在这个时候，赵鹏听到不远处传来同学们的嬉笑声，原来，有几个同学放学之后在教室里打扫卫生，这个时候才结伴走出校门，朝家走去。赵鹏赶紧冲着同学们喊道："哎呦，你们怎么才出来啊！我在这里等你们呢，我们一起回家吧！"听到赵鹏的叫声，同学们很快来到他的身边，赵鹏赶紧跟同学们一起离开了。走了一段距离之后，他再回头观察，发现摩托车已经杳无踪迹了。赵鹏这才告诉同学们："赶紧回家吧，刚才我发现一辆摩托车一直在跟踪我，非常可疑，不知道是不是要抢劫呢！"听到赵鹏的话，同学们也都感到后怕，赶紧各回各家了。

分析

一直以来，大多数人都认为女孩不能在深夜外出，这是因为深夜很不安全，而且经常会发生一些违法犯罪的事件。那么，男孩能否在深夜外出呢？实际上，男孩同样不能在深夜独自外出，因为在深夜独自外出的时候，男孩也有可能会遇到坏人。有的时候，男孩孤身一人走在偏僻的道路上，还有可能会遇到人身危险。所以不管是男孩还是女孩，在夜深的时候一定要尽量减少出门。如果非出门不可，就要与其他人结伴而行，这样才能互相照顾，互相帮忙，从而吓退坏人。

解决方案

具体来说，在夜晚独自外出的时候，男孩要做到以下几点，才能保证自身的安全。

第一点，不要走偏僻荒凉的小路，而是要走人多热闹的大路。很多男孩为了抄近路，总是喜欢走那些偏僻的小道。虽然路途的确缩短了一些，但是一旦遇到危险，那可就得不偿失了。越是在夜晚，我们越是应该走那些热闹的大路，因为热闹的大路上人很多，遇到危险的时候可以及时呼救，而且坏人非常心虚，看到大路上有很多人，他们根本就不敢为非作歹。如果要走的路是人迹罕至的小路，男孩切勿独自前行，而是要与家人、朋友结伴而行，这样才能震慑坏人，保护自己。

第二点，要让手机里有充足的电，这样在走到黑暗的地方时，男孩既可以使用手机里的手电筒照明，也可以在发生危险时，及时拨打电话求助。然而，有很多男孩粗心大意，往往要等到手机里的电快耗尽了，才想起来充电。如果真的遭遇了危险，这种充电习惯便会使我们求助无门。所以，男孩们出门在外行走在路上，一定要保证手机电量充足，这样在遇到特殊情况的时候，手机才能保持畅通，也能及时向外求助。

第三点，财不外露。有些男孩仗着自己身强体壮，所以总是咋咋呼呼的，不知道保护自己的财产安全。在这样的情况下，他们常常会表露出自己拥有很多钱，从而在不知不觉间就会被坏人盯上，让坏人动起劫财的坏心思。

第四点，按时回家，按时返校。男孩切勿贪玩，更不要因为贪玩而导致延误返校、回家的时间。如果返校、回家的时间太晚，就会让自己置身于危险之中。只有按时返校、回家，那么在发生意外情况时，周围的人才会及时意识到男孩是因为遇到了紧急情况才未按时到达的。如果男孩已经习惯于经常晚回学校，不能按时回家，那么即使男孩真的遇到危险，身边的人也不会意识到男孩发生了紧急情况。

第五点，不要接近陌生人。在道路上行走，对于那些陌生人，要与他们保持一定的距离。有些陌生人会无缘无故地与我们搭讪，一旦遇到这种情况，我们要当即提高警惕，远离陌生人。一则陌生人有可能会对我们使用非常手段，让我们神智不清；二则陌生人可能会在靠近我们之后对我们发起进攻。如果我们与陌生人保持一定的距离，我们就可以暂时保障自身的安全，也给自己争取逃离险境的时间。

小贴士

总而言之，夜幕降临，在夜幕的掩饰之下，很多罪恶的心和人就会蠢蠢欲动。作为男孩，切勿仗着自己身强体壮就无所顾忌，而是要知道，很多罪犯都是特别邪恶的。男孩时刻应该保护好自己。

独行时被尾随怎么办

> **小故事**
>
> 今天，小亮起床的时候天还没有完全亮呢，灰蒙蒙的。原来，马上就要期中考试了，他想早点儿去学校，进行考试复习冲刺。他刚刚走出家门，走到了一条小路上，就发现身后有一个男子正在跟着他。
>
> 小亮感到很纳闷，因为这个时间大多是老爷爷、老奶奶在晨练，或者是去菜市场买最新鲜的菜，很少有壮年的男子无所事事，在街道上晃荡的。所以他带着疑惑，一边走一边留意后面的情况，时而还会拿起手机，用摄像头看一看后面男子到底做出了什么举动。他发现这个男子真的在跟踪他，意识到这一点之后，小亮非常惊慌。要知道，在这个时间里，学校的老师们都还没有上班呢，虽然校门开着，但是并没有人可以呼救，而且同学们也都没有到校。小亮不敢往学校走去，他思来想去，决定去菜市场。
>
> 小亮为何要去菜市场呢？这是因为清晨的菜市场是最热闹的。小亮暗暗想道：菜市场里人那么多，我随时都能呼救，坏人总不能够当着那么多人的面对我为非作歹吧！这么想着，小亮七拐八拐，很快就走到了菜市场附近。果不其然，和其他地方的冷清相比，菜市场真是热闹非凡，已经有很多早点摊开业了，大家都在吃早点，还有很多大爷、大妈正拎着一些菜和他人聊天呢。
>
> 见状，小亮赶紧扎进人群中。突然，他看到邻居奶奶买了一兜菜，正和很多邻居站在一起聊天呢！他赶紧过去，拉着邻居奶奶的手，亲热地喊："奶奶！奶奶！"那个人跟着小亮不远不近，看到小亮找到

了奶奶，他当即悄悄溜走了。

分析

在这个事例中，小亮的举动是非常明智的。他独自一个人行走的时候，发现有人在尾随自己，并没有惊慌失措，也没有大声喊叫，而是冷静地改变了自己的路线。原本，小亮是要去学校自习的，但是学校里空无一人，他遇到危险根本无人求救，所以他及时地改变了想法，决定去最喧哗热闹的早市。要知道，所有坏人都特别心虚，到了早市之后，人那么多，一旦坏人做出不好的举动，就会有人及时报警，还会有人制服他。正因如此，小亮才能吓退坏人，保护自己的安全。

解决方案

也许有男孩会说，看到坏人之后，我们可以凭着自己的大长腿快快地逃跑呀！其实，这么做很容易打草惊蛇。如果我们当即就逃跑，那么坏人看到周围空无一人，就会立即对我们做出不好的举动。如果我们能够假装镇定地继续保持原本走路的速度，那么，坏人以为我们没有发现他们，就会更晚一些做出坏的举动。这样一来，我们也就为自己争取了更多的时间逃脱险境。

当然，我们还要区分尾随我们的人到底是出于怎样的目的。如果是陌生人，往往是为了劫财伤人；如果是熟悉的人，可能是有私人恩怨的。我们要根据不同的情况作出不同的应对，但有一点是毫无疑问的，就是要像事例中的小亮一样，从人迹罕至的地方去往人多热闹的地方，这样才能保证自己的安全。

男孩除了被尾随之外，还有可能会遭遇绑匪。在这种情况下，我们一定要把生命看得比财物更重要，必要的时候可以主动交出财物。此外，我们还应该表现出顺从的一面，以欺骗和麻痹绑匪，从而寻找机会逃离危险的境遇。最重要的是，千万不要做出过激的举动，或者说出那些具有强烈刺激性的话，有攻击性的言行会激怒对方，让对方做出冲动的举动。尤其是不要强调自己已经看到了坏人的模样，还会去指认坏人，否则坏人就有可能从谋财变为害命。所以，不管是男孩还是女孩，都要始终牢记生命安全高于一切这个原则，这样才能在各种境遇中保证自身的安全。

当然，如果已经被坏人控制起来，如手脚被坏人用绳子捆起来了，那么要寻找机会给自己松绑。在坏人绑绳子的时候，千万不要挣扎，因为这样只会使坏人绑得更紧。所以，这个时候，男孩可以稍微绷紧自己的肌肉，等到坏人离开之后，通过手部的动作，就可以把绳扣变松，这样就有机会解开绳索，及时脱身了。

如果有机会和坏人聊天，男孩要说一些能够勾起坏人善心与好意的话。例如，曾经有个小女孩被坏人绑架了，坏人想要伤害她，可女孩并不慌张，而是假装不知情地与坏人聊天。她问坏人有没有女儿，是不是和自己一样，又问坏人的女儿学习好不好，长得漂不漂亮。总而言之，她问的每一个问题都会让坏人意识到自己是一位父亲，自己面对的是其他父亲的女儿。渐渐地，坏人原本冷酷无情的心变得柔软温暖起来，也就不忍心对小女孩下手了。最终，小女孩找准机会逃了出去。

作为男孩，也要有小女孩这样的情商和智商，能够做到随机应变，尤其是不要激怒坏人。只要坏人愿意暂时不伤害我们，我们就有更多的时间和机会为自己求救，也就有更多的可能性获得救援。

小贴士

总而言之，在独行的时候被尾随，一定不要慌张，更不要当即拔腿就跑，而是可以采取机智的方式，让自己摆脱尾随者。

不要与"外人"去荒郊野岭

小故事

晨晨是一名14岁的少年，正在读初中一年级。因为很喜欢户外运动，所以晨晨经常让爸爸妈妈带他去郊游，或者爬山。随着不断成长，他的自立能力越来越强，渐渐地，他不再要求爸爸妈妈带他去郊游，而是常常与同学们结伴到野外游玩。

这天，晨晨约了几个同学去郊外游玩。到了约定的地点，他发现有一个同学还带了一个流里流气的年轻人。大家都以询问的眼神看着这位同学，这位同学介绍道："这是我表哥，今天和我们一起去爬山。我表哥是一位资深'驴友'，我们可要多多向他学习呀！"

听到这位同学的介绍，大家也就不好再多说什么了。一路上，这位表哥不仅满口脏话，而且说出来的很多话都很不讲道理。晨晨不由得心里直犯嘀咕："这真是同学的表哥吗？还是同学不知道从哪里带来的人呢？也不知道这个人是否可靠啊。"晨晨就这样怀着疑虑，和大家一起努力地前进着。

到了山里之后，表哥显得非常霸道，他要求大家都听他的指挥，还恶狠狠地对大家说："在咱们所有人里，我的年纪最大，所以大家都得听我的。"有些同学想要尽快离开山里，因为在山里手机没有信号，无法与外界取得联系，但是表哥居然以此为借口没收了所有人的手机，还说："既然出来玩，就要玩得开开心心、高高兴兴，怎么能总想着回家呢？大家都把手机交给我吧。等到离开的时候，我会把手机归还给你们的。"

渐渐地，日落西山，天色越来越晚了，表哥却依然不让大家离开。这个时候，晨晨找到机会问那个同学："这是你的表哥吗？我怎么看他来者不善呢？"那位同学也很惊慌，对晨晨说："这是我在学校附近认识的一个人，之前见过一次，这是第二次见面。我也不知道他到底是什么人。"眼看大家都面临着危险，晨晨决定想办法带领大家逃离。

趁着表哥上厕所的工夫，他与同学们一起朝着来时的路上跑去。有一位同学带了两个手机，虽然上交了一个，但是包里还有另一个手机。表哥发现情况不妙，当即追赶大家，但是大家分成了好几个方向，所以他分身乏术，根本没有办法追这么多人。而这个时候，他的援兵也还没来呢！

晨晨和有手机的同学一直跑到了山顶，那个同学当即拿出手机，要给父母打电话。晨晨阻止他，说："这都什么时候了，找父母没有用，先打110！"在晨晨的建议下，这位同学拨打了110。110听说有几个孩子被人控制在山上，当即派出了充足的警力来到山上进行地毯式搜索。后来，所有同学都获救了，那个所谓的表哥却跑得无影无踪。

后来，警察把那个"表哥"抓捕归案，同学们一起指认出了那个"表哥"，才知道所谓的"表哥"，当天居然想把这几个孩子卖给黑煤窑。得知自己死里逃生，晨晨心有余悸，他对同学们说："以后，我们不管去哪里爬山或者举行什么活动，坚决不允许带外人参加。"大家纷纷表示赞同。

分析

女孩不能跟外人到荒郊野岭，这是因为女孩体力比较弱，一旦遇到居心叵测的人，根本无力反抗。同样的道理，男孩也不能跟外人到荒郊野岭。虽然男孩被侵犯的概率比女孩低得多，但是男孩很有可能面临其他危险。例如，上述事例中的那个"表哥"，就是想把孩子们卖到黑煤窑里当苦力的。

很多男孩不愿意跟爸爸妈妈一起出去玩，而更喜欢和同龄人在一起玩，这样他们会感到自由自在。然而，男孩要想玩得高兴，玩得痛快，前提是要有足够强的安全意识，也要能够管束好自己。如果在与他人一起玩的过程中，从来不防范陌生人，那么一旦被陌生人钻了空子，男孩和同伴的安全就岌岌可危了。

男孩可不要觉得这是老生常谈或者是毫无意义的，而是要意识到一个人必须先保证自己的生命安全，才能有机会做想做的事情。如果连生命安全都不能保障，又有什么必要谈及其他呢？

解决方案

那么，什么样的旅行叫作野外旅行呢？在野外旅行的过程中，哪些人可以被界定为外人呢？

首先，荒郊野岭指的是那些人迹罕至的地方。如今，很多景区都是已经经过开发的，所以景区里人很多，不管走到哪里都能看到人，这就不是荒郊野岭。如果有一座山从来没有被开发过，那么大家去这座山上爬山，一旦走到人少的地方或者是没有信号的地方，就会感到周围安静得让人害怕。

其次，在去到野外或者是郊外旅行的时候，人们最重要的目的就是想通过游山玩水、欣赏美景来放松心情，并且排解压力。在大自然的怀抱里，每个人都会在不知不觉间感到放松，感到心情舒畅。在这种情况下，切勿将安全的意识也放松了。越是在快乐的时刻，坏人越容易乘虚而入，所以我们要一边欣赏美景，一边提高警惕。

再次，男孩固然要多多结交朋友，却不要来者不拒。就像在上述事例中，那个同学说社会青年是他的表哥一样，他根本没有意识到自己是在引狼入室。对于男孩而言，最好与知根知底的人交往，而不要结交很多陌生的人，否则就会导致自己的队伍里鱼龙混杂，甚至危害自己及同伴们的生命安全。

最后，男孩最好不要只与同伴结伴出行。很多男孩在与同伴一起出行时，因为过于兴奋，或者盲目从众，往往会做出一些出格的事情。这并不意味着男孩们不能在一起玩。男孩在一起玩的时候不要去荒郊野岭，而是可以去那些正规的景点，或者是去博物馆里参观，也可以一起看电影。当想去野外旅行的时候，可以以几个家庭组合在一起的方式进行，这样父母可以照顾男孩的安全，男孩在一起玩的时候也会非常开心，可谓一举数得。

小贴士

当然，除了进行户外运动之外，男孩还有很多事情可以做。例如，男孩可以多多看书，阅读经典名著，还可以和同伴在一起交流读书的心得体会，或者培养绘画、练习书法等有益的兴趣爱好，这些都是有助于男孩成长的。对于男孩来说，应该让自己的内心更加沉静，让自己的性格更加稳重，这样在学习之余，才可以做更多的事情。

要勇敢，不要逞能

小故事

这天放学之后，丁丁和往常一样上了公交车。正值下班的高峰期，公交车上人挤人，每个人都挤得如同沙丁鱼罐头里的沙丁鱼一样，彼此之间密不透风。丁丁上了公交车之后，最喜欢观察公交车上人们的神态。他滴溜滴溜地转动眼睛往四处看，正在这个时候，他突然看到有一个人贼眉鼠眼，正在试图把手伸进另外一个人的包里。

丁丁浑身的血都涌到了头上，刹那间，他不知道自己在想什么，也不知道自己应该做什么。片刻之后，他意识到那个人是小偷，丁丁从来没想到自己会亲眼看到小偷，他以为小偷只存在于电视节目中呢。思考了片刻，他冲动地喊道："抓小偷，抓小偷呀！"

转瞬之间，公交车里乱了套，大家人挤着人，互相都非常警惕和戒备。这个时候，有一个人突然靠近了丁丁，在丁丁的耳边威胁道："别吱声！如果再喊，我就要了你的小命！"丁丁很纳闷："小偷明明是另外一个人，这个人为何要威胁自己呢？"他百思不得其解，过了一会儿，他才意识到威胁自己的人，跟那个真正偷东西的人是一伙的。

这个时候应该怎么办呢？丁丁不知道自己是应该把小偷揪出来，还是应该当缩头乌龟，什么也不说，什么也不做。于是，丁丁在心里暗暗想道："如果自己把小偷揪出来，有可能会成为英雄，但是也有可能会丢了性命；可如果自己什么也不说，什么也不做，眼睁睁地看着小偷偷走大家的钱，那可太糟糕了！"然而幸运的是，大家听到呼喊声之后，都把自己的钱包看得很紧。两个小偷看到乘客们都提高了警惕，就灰溜溜地下车了。

等到小偷下车之后，大家纷纷感谢丁丁，丁丁不好意思地说："我也没帮上什么忙，因为这个小偷有同伙。"这时，有个老大爷提醒丁丁："小家伙，你给我们报警是好事儿，但是不要因此而导致自己受伤呀。下一次再遇到这样的情况，要偷偷地提醒身边的人，因为这些小偷都是有同伙的，他们如果对你下手，那可就太糟糕了！"

回到家里之后，爸爸妈妈知道了丁丁今天在公交车上的经历，全都心有余悸，他们虽然表扬了丁丁，却也再三叮嘱丁丁："下一次千万不要逞能。"丁丁不理解地问："什么叫勇敢？什么叫逞能？我这不是勇敢的行为吗？"爸爸妈妈说："做超出你能力范围的事情，就是逞能。真正的勇敢是能够把控事态，保全自己和他人。如果那个人刺了你一刀，你觉得你还能平安地回到家里吗？"

听了爸爸妈妈的话，丁丁恍然大悟。他知道了自己当时面临着很危险的情况，看来下次一定要三思而行，也要有智谋地解决问题。

分析

根据爸爸妈妈所说的，勇敢与逞能之间只有很小的差别。勇敢的人能够控制住事态，能够让坏人受到惩罚，而逞能的人呢，他们虽然揭露了真相，却不能把控事态的发展，最终还有可能导致自己受到牵连和伤害。

解决方案

那么，在遇到各种事情的时候，男孩应该如何做，才能既保护自己，又处理好问题呢？

第一点，要对自己有正确的认知。很多男孩对自身的能力没有正确的认知，他们盲目地自大，认为自己的能力很强，可以处理好很多事情，这就使得他们在做事情的时候会高估自己的能力。

第二点，对事态的发展要有预估。很多事情的发展速度是非常快的，情节也会有突然的转折，所以，男孩对于事情的发展先要有一个预判，否则就会因为事情超出自己的判断范围而手足无措，无从应对。

第三点，学会求助。只靠着自己的力量，男孩很难圆满地处理问题。在开始动手处理问题之前，男孩可以向他人求助，与他人之间达成合作，这样就能壮大自己的力量，让自己有更好的表现。

第四点，吃一堑，长一智。每经历一件事情，男孩都要让自己变得更加强大。很多男孩并不是生而强大的，而是因为在经历很多事情之后，有了更丰富的经验，才能变得强大。正因为如此，男孩才能一步一个脚印、脚踏实地地成长。

不出风头，不凑"热闹"

小故事

洋洋今年14岁了，在一所私立初中就读。他的性格外向开朗，本身又活泼好动，是一个不折不扣的开心果。班级里很多人都喜欢跟洋洋在一起玩，洋洋因此也拥有好人缘，朋友遍布学校。他不仅跟男生在一起玩得很好，还有很多异性朋友，由此可见，洋洋的性格真的很好，所以才能同时得到同性和异性的喜欢。

不过，洋洋也有一点不好，那就是他特别讲哥们义气，从来不注意保护自己。有一天，洋洋在和同学们一起玩的时候，听到有一个同学说起，刘佳因为得罪了社会上的小混混，所以这几天放学都绕小路走，生怕被小混混教训。听到这件事情，洋洋当即火冒三丈，说道："我们是学校里的学生，是应该受到保护的，怎么能怕小混混呢！要不这样吧，我们去会会那个小混混，看看他到底有何神通。只要我们能够制服他，刘佳以后就再也不用溜墙根儿了。"

在洋洋的号召之下，同学们全都摩拳擦掌，跃跃欲试。很快，他们找到刘佳了解了一些情况，也知道刘佳对这个小混混无可奈何。听说大家要为自己出头，刘佳当然很开心，因为他一个人可不是小混混的对手。下午放学的时候，刘佳带着大家找到那个小混混，小混混看到几个毛头小伙子站在他面前，不以为然地说："怎么着？就凭你们几个，还想来教训我？"

然而，让小混混没想到的是，洋洋一个眼神，大家不管三七二十一，冲过去就把小混混狠狠地揍了一顿。还有一个同学拿起了地上的一根木棍，照着小混混的头狠狠地砸了下去。小混混猝不及防挨了当头一棒，当即昏死了过去，直挺挺地躺在地上。看到这样的情形，大家都吓坏了，随即一哄而散。洋洋也仿佛被吓呆了，他站在原地看着小混混满头是血，不知道该做些什么。

很快，路过的人看到小混混满头是血地躺在地上，拨打电话叫来了120，也通知了学校的老师。这个时候，洋洋才回过神来。后来，他被学校通报批评。他的爸爸妈妈也赔偿了受伤的小混混很大一笔钱，才算平息了这件事情。

分析

男孩容易讲哥们义气，又由于心智不成熟，往往因一时冲动而做出过激行为。在洋洋的事件中，洋洋把自己当作了救世主和裁判官，在未了解事情全貌的情况下集结同学与混混打遭遇战，使得原本可以避免的摩擦变成了严重的伤人事件，令人不得不叹息。实际上，当小混混的围追堵截对刘佳的学习和生活造成困扰的时候，洋洋完全可以建议刘佳向父母或者老师求助。

解决方案

在生活中，很多男孩都特别喜欢看热闹，不仅在遇到那些与自己相关的事情时，他们迫不及待地冲上前去看热闹，就连在遇到那些与自己毫不相关的事情时，他们也想要一探究竟。这是因为人都有很强的好奇心，他们对于那些自己不了解的事情，迫不及待地想要查明真相。例如，在放学回家的路上，看到路边围着一群人，他们很有可能想挤进人群去看看在人群中间到底发生了什么事情。这当然是好奇心在作祟。有的时候，如果别人正在打架斗殴，男孩这样靠近就有可能会被误伤。所以男孩一定要控制住自己的好奇心，不要看热闹。

很多男孩都有逞能的心理，尤其是在女孩面前，他们往往想表现出自己勇敢坚强的一面，殊不知，这样的行为是非常幼稚的。因为真正的勇敢坚强不仅表现在行动上，还表现在内心的力量上。只有做到内心强大，男孩才会真正地强大起来。

4

网络时代，不要被"网"住

身处网络发达的世界里，很多男孩都有了更多的机会与网络接触。他们不但喜欢在网络上浏览各种各样的信息，而且很喜欢玩网络游戏。很多男孩还把现实生活中的社交也搬到网络上，从而借助网络平台开展社交活动。总而言之，在现代社会中生活，男孩是不可能彻底远离网络的。为了正确地使用网络，健康上网，男孩一定要把握好合适的度，因为网络就像一把双刃剑，一不小心就会伤害到男孩。

拒绝"网络黄毒"

小故事

仔仔有一个网友,看起来是社会上的人,人生经验特别的丰富,说话也带有与众不同的哲理意味。在这位网友的鼓励下,仔仔加入了一个特殊的网络聊天群。在这个群里,人们聊天的内容都非常露骨,而且有人会发一些不堪入目的图片。仔仔感到非常羞耻,他原本想退出这个群,但是又舍不得退出,因为他觉得群里的那些内容还是很吸引他的。

才加入这个群没多久,就有人主动与仔仔搭讪,想要私下加仔仔为好友。仔仔在加上一个群友之后,与对方聊了几次,对方就要仔仔给他发私密的照片。仔仔虽然是个男孩,但是他也知道这样做是不对的。那么,他该怎么办呢?思来想去,仔仔把这件事情告诉了父母。父母得知仔仔加入了这样的群,当即火冒三丈。但他们并没有责怪仔仔,而是耐心地告诉仔仔:"这是网络黄毒,是要坚决拒绝且抵制的。"

仔仔尽管常常忍不住想要再看看群里的内容,但是爸爸妈妈没收了他的手机,所以他无法再接触群里的内容。而且,爸爸妈妈已经把他所有的好友都删除了,并帮助他退出了所有的群。在经过一段时间的调整之后,仔仔终于恢复了正常生活。他每天去学校上学,空闲时间就看课外书,参加户外运动,生活得非常充实。

分析

仔仔在网友的误导之下,加入了这样一个淫秽不堪的群,幸好他还有自己的判断力,在被群友提出非分的要求之后,能及时地向父母求助。也正因为得到了父母的帮助,他才能果断地作出决定,采取恰当的方式处理问题,及时退出那个不好的群,并且删除所有相关的好友。

互联网上鱼龙混杂,充斥着各种各样的人,信息良莠不齐,如果孩子缺乏判断力,在互联网上随意地浏览各种信息,父母又没有对孩子起到监管的作用,那么孩子就很有可能会误入歧途。

解决方案

当孩子接触到网络黄毒之后,父母如果不能及时制止孩子,孩子的心理很快就会扭曲。作为男孩,要想拒绝网络黄毒,就要注意以下几点。

第一点,男孩要认识到自身的心智还没有完全发育成熟,又有很强的模仿能力,所以一旦接触到网络黄毒,就很容易被毒害。因此,我们要防患于未然,不给自己任何机会接触这些网络黄毒,并且在发现网络黄毒之后能够及时退出和远离。这样,男孩就能够及时地保护好自己。

第二点,网络黄毒是依附于网络世界的。在网络世界里,网络黄毒并不是光明正大存在的,而是隐藏在网络世界的各个角落中。对于男孩来说,如果不是因为受到他人的误导,或者自身有意识地搜索一些相关信息,那么是很难接触到网络黄毒的。所以,为了防止孩子有意或无意地去接触网络黄毒,父母可以给家里的网络安装防火墙,这样每当有不好的内容想要弹出时,就会被防火墙禁止。

第三点,坚决拒绝网络黄毒的侵害。网络黄毒都是非常不好且不健康的内容，如果男孩对网络黄毒的信息成瘾，就会严重影响男孩的身心成长，以及男孩的学习。所以，男孩要形成正确的人生观、世界观和价值观，也可以通过正当的渠道学习和了解两性知识，这样男孩就不会对两性知识感到好奇，也就不会让那些居心叵测的人有机可乘。

不管父母做什么，都是为了保证男孩的身心健康，以及保证全家的生命财产安全，所以男孩在网络的世界里一定要有原则，有底线。这不仅仅是爱自己的表现，也是爱家人的表现，更是保护自己和家人的重要举措。

从父母的角度来说，为了帮助男孩远离网络黄毒，父母应该充实男孩的生活，丰富男孩的心灵。例如，父母要多多与男孩沟通。这是因为青春期男孩往往面临着很多困惑，如果他们不能从正当的渠道给自己答疑解惑，就会通过很多不正当的途径试图寻找答案。在这种情况下，他们自然有可能会沾染到网络黄毒。因此，父母要正视孩子的性教育问题，解答孩子关于性与爱情的很多疑惑，这样孩子就不会试图从其他渠道寻找答案，也就不会接触到网络黄毒。

除此之外，父母还应该开展丰富有趣的家庭活动，如家庭读书会、家庭郊游日等。这些活动既可以让孩子多多阅读书籍，充实心灵，也可以让孩子亲近大自然，感受大自然的山清水秀。当孩子拥有充实且精彩的生活时，他们自然没有心思再去思考那些不该思考的问题了。

小贴士

生活中最重要的是，父母要尊重孩子，经常与孩子进行沟通。在良好的亲子互动中，孩子能够与父母建立良好的关系。他们的感情在现实生活中得到了满足，就不会在网络世界里寻求寄托。此外，父母还要多多鼓励孩子与人展开交往，让孩子结交更多朋友，让孩子在友谊的滋养下健康地成长。

■ 不要轻易打开"定位功能"

小故事

自从有了智能手机之后,小明最喜欢做的事情就是给自己定位。每当在外面吃到了好吃的东西,或者玩到了好玩的玩具,他就会定位一下自己在哪里,以此与好朋友分享实时动态,想让好朋友们和他一样吃到好吃的,玩到好玩的。

有一天,小明在一个很有名的商业街,吃到了自己心仪已久的美食,因而情不自禁地拍了图片,发了动态,他的位置也被清清楚楚地标注了出来。他在发了动态没过多久,突然意识到有人正在跟踪他。他感到非常紧张,不知道对方的目的是什么。他想方设法地摆脱了对方,也赶紧把这件事情告诉了爸爸。爸爸在查看了小明的手机之后,看到小明开启了定位功能,又打开了自己的手机查看了小明的动态,当即展示给小明,说:"看看吧,你在哪里,别人看得一清二楚。如果人家觉得你作为一个学生就有实力去进行这样的高消费,那么他们当然会打你的主意,目的非常简单,就是抢你的钱财。"

听到爸爸分析得头头是道,小明不由得直冒冷汗。他意识到自己这次是侥幸逃脱,如果下一次再开启定位功能,可能就没有这样的好运了。

分析

如今,很多手机都有定位功能。父母们因为担心孩子的安全,所以会为孩子配备儿童定位手表，或者会为孩子配备智能手机。这样一来，父母就可以随时与孩子取得联系，知道孩子的实时位置。但是，如果孩子随时带着一个定位器，每天在进行各种各样的活动时就会面临很大的风险，那就是他们会在不知不觉间泄露自己的隐私。这使得他们所分享的很多东西都会被第三方知道，一旦有人对他们动起了歪心思，他们可就非常危险了。

从这个意义上来说，孩子不要轻易打开手机上的定位功能。在与父母沟通的时候，如果想让父母知道自己此刻在哪里，可以与父母共享自己的实时位置，而不要让手机定位功能一直处于打开的状态。在打开定位的情况下，孩子不管发布怎样的动态，所处的位置都会被公之于众。

解决方案

男孩虽然是身强体壮的，但是也要有很强的自我保护意识，切勿暴露自己的行踪。在进行完必要的活动之后，应该按照既定路线尽早回家，每天上下学的时候也要缩短在路上的时间，尽快到达安全的地方，这才是对自己负责的表现。

也许有些男孩会说："我需要用手机打车或者点外卖，那时就需要用位置功能"。的确，很多软件在使用的时候是需要共享位置信息的，在这种情况下，我们可以暂时打开定位功能，等到用完这些软件之后再及时关闭定位功能，这样就可以保护自己的位置信息，保护好自己的隐私。

在使用网络的过程中，很多细心的男孩会发现，常常有一些不明来源的定位软件会突然跳出来。这些定位软件是不可信的，因为它们并没有通过验证，还存有安全隐患，贸然使用只会给我们带来危险。所以，男孩不要随随便便在手机上下载这些定位软件。此外，也有一些定位软件的经营公司会出卖用户的个人信息，这样就会使孩子置身于危险之中。

在使用各种社交软件的时候，最好能够关闭定位所在位置的功能。例如，微信上有定位所在位置的功能。如果打开这个功能，朋友们通过关注我们在微信上发布的信息，就可以知道我们在哪里就餐，在哪里游玩。但是，如果我们的朋友圈里有并不熟悉的人，他们同样会通过我们发布的信息得知我们当时所在的位置，这样他们很容易就能找到我们。此外，如果有人知道我们和父母在外旅行，说不定会进入我们的家里行窃。总而言之，我们身在何处，与谁在一起，这些都属于我们的隐私信息，要注意保密。

因为网络的发展，我们在生活上和工作上都享受了很大便利。但是，凡事都有两面性，网络也不例外。网络就像一把双刃剑，在为我们提供便利的同时，也给我们带来了极大的安全隐患。作为男孩，一定要有很强的安全意识。在日常生活中，男孩要慎重地使用定位功能。即使偶尔需要使用定位功能，也要及时关闭，这样才能保护好自己及家人的隐私和安全，才能让自己放心大胆地、无后顾之忧地去做事。

■ **拒绝与网友见面**

> **小故事**
>
> 　　阿峰最近喜欢上了动漫，他还加入了一个动漫群。在群里，很多人都喜欢动漫，阿峰感到非常开心。一个偶然的机会，他认识了一个叫姗姗的女孩，阿峰与姗姗聊得特别开心。
> 　　姗姗也是一个动漫爱好者，她画的动漫角色非常传神。所以阿峰以与姗姗切磋画技为由，经常和姗姗聊天。每天放学之后第一件事情，

阿峰就赶紧打开电脑，先和姗姗聊半个小时，他才能依依不舍地离开电脑，开始写作业。渐渐地，阿峰不但放学之后想和姗姗聊天，就连白天也常常想和姗姗聊天。

有一次，阿峰上课的时候不由自主地拿起手机与姗姗聊天，结果被老师发现了，老师当场把阿峰的手机没收了。原本，老师以为阿峰有了这次教训之后会有所收敛，不承想阿峰却变本加厉，从老师那里要回手机之后，他更是频繁地与姗姗聊天。无奈之下，老师只好通知了阿峰的父母。虽然父母坚决反对阿峰与姗姗聊天，但是阿峰却执迷不悟，一心只想聊天。父母感到非常伤心，因为他们辛辛苦苦地供养阿峰读书，是希望阿峰将来能够考出好成绩，出人头地的。

看到父母这么难过，阿峰很羞愧。思来想去，他提出了一个要求："爸爸、妈妈，我想和姗姗见一面。人家都说网聊会见光死，也许我见了姗姗一面之后，就再也不想跟她聊天了呢。"

爸爸认为下了这剂猛药，也许会起到很好的效果，所以答应了阿峰的请求。但是爸爸提出："你可以与姗姗见面，但是我必须陪着你一起去。万一这个姗姗是个居心叵测的大男人，那可怎么办呢？"阿峰认为爸爸的担心有道理，果断地答应了爸爸的请求。不过，他让爸爸不要跟他一起出现，而是要在暗中保护他，爸爸当即表示同意。

在阿峰的期盼中，见面的日子到了。阿峰非常激动，早早地就起床来到了约定的见面地点。他左等右等，也不见姗姗到场。于是，他索性打开手机，问姗姗怎么到现在还没来，姗姗支支吾吾。后来，阿峰看到有一个男孩在距离他不远的地方贼头贼脑的，突然脑中灵光一闪，冲着那个男孩喊道："你就是姗姗！"那个男孩不好意思地点点头，从此之后，阿峰再也不想跟姗姗聊天了。

分 析

在这个事例中,阿峰因为喜欢动漫,所以和姗姗成为了好友,他却不知道这个叫姗姗的女孩实际上是男孩,还很贼眉鼠眼呢!果然,他与姗姗的网聊"见光死",见了那一面之后,阿峰再也没跟姗姗聊过天,他又把心思放回了学习上。

在这个事例中,阿峰之所以跟姗姗见面,是因为他获得了父母的同意,而且让爸爸在暗中保护他。在日常的生活中,男孩在与网友聊天之后,一定要拒绝与网友见面。

解决方案

虽然男孩不像女孩那么容易受到伤害,但是也有很多坏人会打男孩的主意。所以男孩在上网的过程中,必须注意以下事项。

第一点,不管发生什么事情,都要对父母坦诚相见。有些男孩在网络上与网友聊天,发生了一些事情之后,总是会对父母采取隐瞒的态度,甚至会瞒着父母偷偷地与网友见面,这样的做法是极其危险的。曾经有一个女孩瞒着父母去外地与网友见面,结果险些被网友伤害,幸好警察及时赶到,她才侥幸逃脱。作为男孩儿,虽然遇到危险的概率相对低一些,但是这并不意味着男孩是绝对安全的。所以不管做什么事情,男孩都要及时告知父母,也要征求父母的同意。

第二点,如果必须与网友见面,一定要邀请父母同行。很多男孩听到父母说要与他们一起见网友,往往会拒绝父母。实际上,明智的男孩非但不会拒绝父母,还会主动要求父母和他们一起前去见网友呢!这是因为父母具有更丰富的社会经验,也有更强的应变能力,可以在发生意外情况的时候及时地保护他们。

第三点，在网络上与网友聊天，最好不要涉及隐私信息。有些男孩在网络上跟网友聊天时，总是忍不住说一些家里的隐私信息，他们以为在屏幕的保护之下，网友不会知道他们家里的真实情况。实际上，现在网络的力量是很强大的，有些网友怀着不好的用心，很容易就能查到男孩真实的住址，了解男孩的家庭情况，这将会给男孩和整个家庭带来巨大的伤害。

第四点，对于熟悉的网友，一定要小心。很多男孩在与网友聊天一段时间之后，就会不由自主地喜欢上网友，其实这是对自己极其不负责任的行为。有一些女孩去见网友却被残忍地杀害，有一些女孩与网友私奔却被网友拐卖。对于男孩来说，见网友同样有很大的风险。例如，网友可能是犯过罪的坏人，他们至今仍然蠢蠢欲动，想要犯罪；也有的网友想通过残害男孩来换取金钱，这些对于男孩而言都将是致命的伤害。

小贴士

总而言之，我们可以在现实生活中与某个人发展出深厚的友谊，但在网络上与他人交谈的时候，一定要保护好自己，否则稍不留神就会让自己受伤，也会让自己的家庭承受灾难的打击。

■ 天上不会掉馅饼，识别网络骗局

小故事

周六上午，爸爸妈妈都去单位加班了，皮皮独自留在家里完成作业。很快他就完成了所有作业，看到距离爸爸妈妈下班还有一段时间呢，皮皮打开电脑，想赶在爸爸妈妈回家之前玩一会儿游戏。他刚打开电脑，电脑屏幕的右下角就弹出了一个对话框。皮皮点开对话框，阅读着里面的信息，惊喜地发现自己居然中了一个大奖。

皮皮看到中奖信息激动不已，压根不想玩游戏了，当即就点开了链接，按照链接上的各种提示，按照步骤填写了个人和家庭的真实信息。看到奖品，皮皮更是异常兴奋，因为奖品是一台价值 8888 元的笔记本电脑。看到这个信息，皮皮想道：我正想要一台笔记本电脑，专门用于玩游戏呢！想到这里，他兴奋得手舞足蹈。

没过一会儿，就在皮皮准备领取奖品的时候，系统提示皮皮需要交纳 1800 元的运费和保证金，并且说其中 800 元是运费，1000 元是保证金，在收到电脑之后，这 1000 元保证金将会退还给皮皮。虽然认为 800 元运费太贵了，但是皮皮转念一想，认为花 800 元买一台笔记本电脑还是很划算的，因而他毫不迟疑地拿出了储存压岁钱的银行卡，输入了账号。

皮皮付款 1800 元之后，系统又显示只要再加 800 元，就可以得到一套价值 3888 元的音响，皮皮不由得怦然心动。要知道，如果有一套好音响用来玩游戏，那么在玩游戏的时候，就会有一种身临其境的感觉。所以，他又付款了 800 元。

付完钱没多久，骗子给皮皮打来电话，告诉皮皮这台笔记本电脑现在缺货，只需要耐心等待一个星期，就能收到笔记本电脑了。这个时候，皮皮意识到自己有可能上当受骗了，他担心地问："如果一个星期之后收不到电脑怎么办？"骗子毫不迟疑地说："当然会收到电脑，你只需要耐心等待就好。"说着，对方挂断了电话。

与骗子通完电话之后，皮皮越想越担心，当即打电话把这件事告诉了爸爸。爸爸不假思索地对皮皮说："皮皮啊皮皮，你上当了。"

> 皮皮懊悔不已,但是钱已经到了骗子的账户上,这可怎么办呢?爸爸妈妈当即赶回家里,带着皮皮去派出所报案。派出所的警察听到皮皮上当受骗的经过,说:"现在有很多人都是这样上当受骗的。在网络上看到中大奖的信息,千万不要心动。现在,骗子的骗术越来越高明,他们甚至能够控制电话显示地和单位名称呢!"经过警察的一番科普,皮皮这才提高了安全意识。

解决方案

如今家家户户都有网络,很多男孩在学习和生活中都会接触网络。网络上的骗术层出不穷,那么,男孩在充分利用网络给自己的生活和学习带来便利的同时,也要具有火眼金睛,能够识别网络上各种各样的骗术。如果一不小心或者有占便宜的心理,男孩就会中骗子的圈套。

通常情况下,网络骗局有哪些类型呢?接下来,我们将会对网络骗局进行简单的介绍,给男孩普及一些防骗知识。这样,男孩就可以更好地保护自己。

第一种骗局,就是皮皮所经历的类型。很多网页上都会弹出虚假对话框,告诉客户中奖的消息,从而一步一步地诱导客户在网站上输入个人信息,掉入骗子的圈套之中,给骗子打款。为了让骗术得逞,骗子设置的诱饵往往是笔记本电脑、全套音响等,喜欢上网玩游戏的男孩很容易对这些东西心动,所以骗子成功的概率会大大提升。

第二种骗局,通过邮件进行诈骗。很多骗子会给客户发送虚假的邮件,在邮件里告诉客户中奖的信息,这样客户就会中他们的圈套。

第三种骗局,网络传销。说起现实生活中的传销,人们都会非常警惕,因为传销的真相已经被揭穿了。但是现在借助网络衍生出了一种新的传销形式,那就是网络传销。和现实中的传销一样，网络传销同样通过交纳会费、发展下线的方式获取巨额利润。但是因为网络传销是通过互联网进行的，所以和传统的传销方式相比，网络传销的成本更低，且传播范围广，传播速度快。最重要的是，骗子躲在互联网后面，所以很难被抓获。

如今，朋友圈里还流行做微商，实际上，很多不正当的微商形式上与传销有着相似之处。所以男孩一定要有火眼金睛，辨别微商的本质，从而避开网络传销的陷阱。

第四种骗局，网购。随着互联网的普及，越来越多的人热衷于网购，那么在进行网络购物的过程中，他们不知不觉就会落入骗子的陷阱。例如，很多骗子会冒充京东、淘宝等大型购物网站的客服给客户打电话，告知客户订单出了问题，所以需要终止。在骗子的欺骗下，刚刚下订单的男孩就会不假思索地按照骗子的操作去做，结果使购物的钱流入了骗子的口袋。

第五种骗局，高额回报。还有骗子利用男孩想赚取回报的心理，以兼职或者刷单为借口，让男孩为他们进行各种各样的操作。长此以往，男孩就会掉入陷阱之中。

小贴士

总而言之，要想识别网络骗局，男孩就要多多了解这方面的信息，具有火眼金睛。要想避免被骗，男孩就一定要摒弃爱占小便宜的心理，要坚决相信天上不会无缘无故地掉下馅饼。即使真的掉下了什么东西，那也不是馅饼，而是陷阱。所以男孩必须要时刻保持警惕的心态，才能避免自己陷入网络的各种陷阱之中。

小心手机的"扣费陷阱"

小故事

昨天上午,妈妈正在专心致志地完成工作任务,突然收到了手机短信。手机短信提示她的信用卡在上午进行了十几次消费,其中最高的一笔居然达到了一千多元。刚开始的时候,妈妈以为是爸爸使用信用卡购买了一些东西。她当即给爸爸打电话,询问爸爸在这么短的时间内买了些什么东西。爸爸却一头雾水,对妈妈说:"我一上午忙得就像旋转的陀螺,根本没有买任何东西啊!我连手机都没有打开。"

听到爸爸的回答,妈妈当即紧张起来。她对爸爸说:"这个上午,我的手机消费了几千元,最高的一笔达到一千多元。可我也没买东西,为什么会有这样的消费信息呢?"妈妈当即打电话询问了银行的工作人员,工作人员告诉妈妈,她的信用卡在上午的确进行了十几笔消费,而且都是电子产品消费。银行客服人员的回答提醒了妈妈,妈妈脑中灵光一闪,当即想到:是不是孩子在使用手机的时候进行消费了呢?这天,豆豆因为身体不适,所以没有去学校,而是和妈妈一起来单位上班了。上午,他完成作业之后,因为无聊,就使用妈妈的手机玩了一会儿游戏。

想到这里,妈妈当即把豆豆叫到面前,询问道:"豆豆,你上午玩手机游戏的时候有没有付款买什么东西?"豆豆摇摇头,对妈妈说:"我玩了手机游戏,但是我没有付款。跳出了几个付款的页面,我都关掉了。"听到豆豆的话,妈妈更加确定了自己的猜测,她当即让豆豆打开玩游戏的页面给她看,结果证明豆豆在玩游戏的过程中,一不小心点了消费的项目。妈妈又让银行提供了扣款单位的名称，发现的确与豆豆所玩的游戏是同一家单位。

但让人感到疑惑的是，这个游戏里的消费项目并没有提示消费，所以孩子是在不知不觉间进行消费的。又因为妈妈的手机与信用卡是绑定在一起的，所以信用卡就被扣费了几千元。妈妈当即联系了这家应用商店的客服，经过查证和协商之后，这家商店的客服同意了妈妈退费的要求。然而，退费的过程却一波三折。虽然这家商店的客服很爽快地答应了妈妈退钱，但是妈妈在提交了退款申请之后，所退的款项却迟迟不到账。无奈之下，妈妈只好打了消费者服务热线进行投诉，又打了工商局的热线电话进行投诉。经历了很久的努力之后，这家公司才把所扣的款项退还给了妈妈。

分 析

很多父母的手机与银行卡都是绑定的，或者绑定了储蓄卡，或者绑定了信用卡。因此，如果给孩子手机玩游戏，父母一定要再三叮嘱孩子，切勿玩那些收费的游戏，避免扣款。在这个事例中，幸好妈妈及时发现了这些扣费，所以她才能在第一时间追回扣款，挽回经济上的损失，也提醒豆豆不要再玩这款游戏，避免再次被扣费。

解决方案

为了避免这种情况再发生，作为父母，在孩子要用手机玩游戏的时候，可以先检查一下孩子所玩的手机游戏有没有异常状况，有没有不知不觉间会扣费的情况。对于孩子而言，在玩手机的时候也要多多小心。手机就像一个"吃钱"

的工具，在男孩不知不觉间就会张开血盆大口，把爸爸妈妈辛苦挣来的血汗钱全都侵吞下去。那么，男孩应该如何做才能够确保手机不会被扣费呢？具体来说，男孩要做到以下几点。

第一点，让爸爸妈妈关闭手机的自动扣费功能。很多的应用软件都有自动扣费功能，意思是说，当授权了其中的一项功能时，手机不需要通过主人的同意就可以自动扣费。所以要先关掉这项功能，这样一旦有扣费的项目发生，就需要人工操作，经过确认之后才会扣费，这是更为安全稳妥的设置。

第二点，对于男孩喜欢玩的游戏，父母最好先试玩一下。这是因为孩子没有金钱概念，也不知道扣费是什么意思。父母在试玩游戏之后，证明游戏没有胡乱扣费的现象，再把手机给孩子玩，这样孩子玩起来就会更加放心。

第三点，在使用手机支付功能的时候，最好不要用刷脸或者指纹验证的方式进行，而是要用输入密码的方式进行。这是因为刷脸或者指纹验证很容易误操作，在一瞬间就会被扣费。如果选用密码支付的方式扣费，就可以把好扣费的最后一关，避免在不知不觉的情况下被扣费。

第四点，孩子最好不要玩手机游戏，尤其是不要用父母的手机玩游戏。为了避免手机被莫名其妙地扣费，父母可以为孩子准备一个淘汰的手机，专门给孩子玩游戏用，也可以为孩子配备一个专业的游戏机，让孩子适度地玩。这样孩子就不会总是使用父母的手机，也就不会给父母惹麻烦了。

小贴士

网络的普及使手机的功能越来越强大，孩子们喜欢用手机玩各种游戏，浏览各种信息，看各种视频，或者进行快捷支付等。如今，很多成人外出身上都不带现金，而是用手机支付。在这种情况下，手机的陷阱也会越来越多，所以男孩一定要慎重地使用手机玩游戏。

■ 网络购物不简单

小故事

最近这段时间，哲哲在学习上遇到了一些困难。因为爸爸妈妈的文化水平都不高，不能辅导哲哲，所以妈妈提出要为哲哲买一款学习机。得到妈妈的承诺，哲哲非常开心，因为他发自内心地想把学习成绩提高上去。妈妈趁着工作的闲暇，在比较了很多大品牌的学习机之后，最终决定为哲哲购买一款两三千元的学习机。虽然家里的经济条件并不是很富裕，但是妈妈认为买一款好的学习机，提升哲哲的学习成绩是非常值得的。哲哲意识到妈妈的良苦用心，感动不已。

现在，妈妈已经锁定了学习机的品牌，只等休息的时候就带着哲哲一起去商场里购买呢！这一天，哲哲完成了作业之后，拿起手机打开了朋友圈。突然，他发现有一个外地的朋友正在售卖一款全新的学习机，他不由得怦然心动，当即用微信联系了这个外地的朋友，向他询问学习机的情况。

这个朋友说："我这个学习机之所以卖得便宜，是因为我是从厂家直接拿货的。我的父母都在这家学习机的工厂里做工，所以我才能拿到最优惠的价格。当然，我也就赚个辛苦钱，所以买我的学习机比你去商场里买，至少要便宜一千多元！"想到爸爸妈妈辛辛苦苦赚钱很不容易，哲哲很想为爸妈节省一些钱，所以他更耐心细致地询问了学习机的功能。

因为此前和妈妈一起比较了各个品牌的学习机，所以哲哲对学习机的各项功能还是很了解的。听到这款学习机功能强大，他决定要买下这款学习机,给妈妈一个惊喜。当然,哲哲也不想浪费自己的压岁钱,所以他想方设法地与对方讨价还价,最终对方愿意给哲哲九折优惠。不过,对方要求哲哲必须当即付款。

哲哲很快就跑到银行里,给这个陌生的账号汇了款。几天之后,他的确收到了学习机。但是,他看到学习机之后有些失望,因为他发现学习机制造得很粗糙。后来,他把这件事情告诉了妈妈,妈妈和哲哲一起研究了学习机的功能,发现这款学习机并不像对方说得那么好。这个时候,哲哲想联系那个卖学习机的人进行售后服务,却发现对方已经把他拉黑了。哲哲这才知道自己原本想省钱,却因为盲目信任朋友圈里的陌生人,结果反而浪费了很多钱。

分 析

如今,很多人都习惯于网络购物。他们通常会选择大品牌的电商进行采购,但也有一些人喜欢在朋友圈里买各种各样的东西。男孩在看到朋友圈里琳琅满目的商品之后,认为朋友圈里的人就是自己的朋友,出于对朋友的信任,他们会毫不迟疑地购买相关产品。不得不说,这样的孩子最终经常会大失所望。

从本质上而言,朋友圈是人们与朋友分享日常生活的一个圈子。如果把朋友圈变成了生意圈,那么朋友圈就会渐渐变了味道。在这个事例中,哲哲就是因为轻信了朋友圈里所谓的朋友,导致自己蒙受了很大的损失。

解决方案

为了避免在网络购物中遭遇欺骗,男孩一定要瞪大眼睛,识别骗局,鉴别商品的质量,同时也要做到以下几点。

第一点，男孩不要添加那些做微商的人为朋友，否则男孩的朋友圈就会鱼龙混杂。因为大多数做微商的人都会在朋友圈里发布大量广告，使朋友圈里的信息非常繁杂。此外，他们还会通过观察客户的朋友圈，更加了解客户，从而引诱客户购买不好的商品。因此，最好的方法就是拒绝添加做微商的人为朋友，从根源上避免被诱惑，从而大大降低男孩受骗的概率。

第二点，在进行网络购物的时候，不要从那些没有资质的小商家购买产品，而是要选择大型的网络购物平台。当商品出现质量问题时，我们就可以通过大型购物平台的售后很好地进行维权，避免遭受难以挽回的损失。

第三点，正如前文所说的，不要贪图便宜。很多人一旦看到商品的价格低于市场价，就会迫不及待地购买，他们完全忘记了一分价钱一分货的道理。其实，不管买的人多么精明，卖家都不可能以赔钱的价格出售自己的产品。所以，我们虽然要追求低价，却要在保证商品质量的前提下追求性价比高的产品，这样才能买到物美价廉的好产品。

第四点，网络购物或者朋友圈购物一定要保留消费信息，万一产品质量有问题，就可以据此进行售后。如果没有售后，那么当商品出现质量问题的时候，就会叫天天不应，叫地地不灵，使自己在经济方面蒙受巨大的损失。

总而言之，在网络上购物，我们无法第一时间就看到商品真实的状况，也不知道经营者到底是怎样的人，所以我们必须核实经营者的经营资质，了解经营者的产业规模，尤其是要问清楚售后服务等方面的承诺。这样当商品出现质量问题的时候，我们就能及时与他们取得联系，获得售后服务。此外，购物的时候还要注意保护自己的个人信息。需要注意的是，购买日常的生活用品，可以在网络上购买。如果要购买大宗物品，涉及金额巨大，那么最好去商场或者正规的经营场所购买，这样才能够在有需要的时候，维护自己作为消费者的权利。

此外，去大型的商场或者正规的经营场所购买产品，其质量也是更有保证的。在选购产品的时候，我们可以看到实物，也可以对各种不同的产品进行比较和衡量，从而更好地进行选择。

5

社会生活纷繁复杂，远离诱惑，洁身自好

男孩进入青春期之后，越来越渴望长大，能够独立自主地为人行事。他们希望自己和成年人一样，能够做很多事情，也能够获得他人的尊重和平等对待。在这个阶段，男孩会表现出很强的逆反心理，也会做出一些叛逆的举动。有些青春期男孩还会抽烟喝酒，聚众打架斗殴，甚至会沾染毒品。在青春期强烈的情绪刺激之下，一些男孩甚至会做出自残的行为。作为父母，一定要及时关注孩子的异常表现，扭转孩子的心理倾向，才能让孩子健康快乐地成长。

■ 不抽烟，不喝酒

> **小故事**

16岁的马玉刚刚升入高一，就发现高中生活和初中、小学生活都是截然不同的。在高中的校园里，有些同学是会抽烟的。起初，马玉不会抽烟，看到几个男同学每当下课就偷偷地聚集在男厕所里吞云吐雾，他感到非常羡慕，也觉得那些男同学很酷，因而就动起了学习抽烟的心思。一开始，他只是尝试着抽烟。第一次抽烟的时候，他还产生了不良反应。但是随着尝试抽烟的次数越来越多，他渐渐地习惯了香烟的味道，居然染上了烟瘾。马玉几次三番想要戒烟，却都以失败而告终。

每个月，爸爸妈妈都会给马玉固定的生活费。马玉沾染了抽烟的恶习之后，他就不得不从生活费中挤出一些钱来买相对便宜的香烟抽。有的时候，他几乎花完了所有的生活费，但距离下一次拿生活费还有些日子，所以，为了填饱肚子，他只能吃馒头和咸菜。俗话说，烟酒不分家。在学会了抽烟的同时，马玉也学会了喝酒。当然，他没有钱买好酒喝，只能喝最便宜的啤酒。偶尔和同学们聚集在一起，他还会喝最便宜的白酒。渐渐地，马玉感受到烟酒给他带来的沉醉感，越来越离不开烟酒了。

学校里的领导和老师发现一些男同学沾染了抽烟喝酒的恶习，所以特意组织同学们观看教育宣传片。通过这部影片，同学们知道了抽烟喝酒会危害身体健康，尤其是香烟里含有大量尼古丁，会使人患上各种恶性疾病，对人体造成不可逆转的损害。而酒精呢，则会使肝功能受到严重损坏，还会导致胃部产生溃疡，最终发展成为胃癌。但是马玉感到很疑惑,因为他的爷爷和爸爸都喜欢抽烟喝酒,且爷爷现在已经七十多岁了,并没有发觉身体有什么异常呀,所以马玉尽管心里害怕,却依然偷偷摸摸地抽烟喝酒。

中秋节那天,马玉回到家里过节,看到爸爸妈妈面色凝重,当即询问爸爸妈妈发生了什么事情。妈妈哽咽着对马玉说:"爸爸被查出来患有肺癌,已经是晚期了,可能只有两年的生命了。"听到这个消息,马玉如同遭遇晴天霹雳。要知道,爸爸可是家里的顶梁柱啊,爸爸的身体出现了这么严重的问题,他们家未来的日子要如何度过呢?

这个时候,妈妈又哭着对马玉说:"孩子,你可千万不要再抽烟喝酒了。医生说了,抽烟会导致肺癌,也会提升患上各种肺部疾病的概率。咱们家已经有了一个肺癌患者,你可要引以为戒呀!"马玉这才意识到问题的严重性。后来,他凭着毅力戒掉了烟酒,又因为他一心一意地投入学习,所以学习成绩也渐渐提高了。

分析

孩子进入青春期之后,很想获得同伴的认可和羡慕,所以他们会和其他同伴一样抽烟喝酒。也有些男孩之所以沾染烟酒,是因为他们感到非常好奇,想要亲身体验抽烟喝酒到底是怎样的滋味。然而,抽烟喝酒都是坏习惯,且容易成瘾,不仅损害自己的身体健康,还影响学习、家庭生活和社会交往。那些不抽烟、不喝酒的同学,是不喜欢与抽烟喝酒的同学亲近的。

解决方案

青春期男孩一定要管控好自己,不要以抽烟喝酒为酷,也不要盲目地跟随抽烟喝酒的潮流。虽然抽烟喝酒并不会马上对身体造成严重损害，但是日久天长，身体状况一定会变得越来越糟糕。等到后果显现出来的时候，男孩再后悔就为时晚矣。

除此之外，喝酒过度还会导致男孩陷入危险之中。例如，男孩喝得醉醺醺的，很有可能发生交通事故。在酒精的刺激下，男孩情绪激动，还会与他人发生激烈的冲突，做出伤害自己或他人的事情，并为此承担责任。

从学习的角度来说，抽烟喝酒会导致男孩的记忆力减退，这是因为在抽烟时，香烟经过燃烧会产生一氧化碳进入人体内，与血液中的血红蛋白结合，从而造成大脑缺氧。喜欢抽烟的男孩往往无法集中注意力，还常常出现思维迟钝、头痛欲裂的症状，这些对于学习都是极其不利的。长此以往，男孩的智力水平就会大大下降。

总之，抽烟喝酒没有任何好处。作为男孩，在青春期要远离烟酒，在长大成人之后也应该远离烟酒。一则是为了自己的身体健康，二则是为了自己的学习和成长，三则是为了自己的家人。不论何时，男孩都要洁身自好，都要保持健康规律的作息生活，也要让自己的身体更加强壮。

不赌博，远离不良游戏

小故事

同学们辛苦地学习了一个星期，终于盼到了周五。周五下午，大家都急急忙忙地收拾书包，想要回家去吃妈妈做的美食，享受家里的温暖和安逸。但是，达达却不着急，原来达达家距离学校比较近，他只需要十几分钟就能到家。正因如此，看到其他同学行色匆匆，他反而气定神闲。他慢慢地整理着书本，思忖着自己可以借此机会去哪里玩一玩再回家。正在这个时候，瑞瑞对达达说："达达，我们几个人要去玩游戏，你想一起去吗？"想到自己已经很长时间都没有玩游戏了，达达当即决定和瑞瑞一行人一起去游戏厅里玩一会儿游戏再赶回家吃晚饭，也完全来得及。

来到游戏厅之后，也许是因为周五，达达和瑞瑞发现人很多。那几个与他们同来的同学当即就掏出钱买了很多游戏币，分散开了。达达和瑞瑞结伴而行，他们拿着兑换的游戏币走到各个游戏设备前观察，看看别人是怎么玩的。突然，他们看到前面有一处地方人挤人，大家都兴高采烈地惊声尖叫着，达达感到非常好奇，决定挤进去看看。瑞瑞平时最不喜欢凑热闹，所以瑞瑞对达达说："你去玩儿吧，我去玩其他的了。"就这样，达达和瑞瑞分开了。

达达挤进人群，才发现大家正围着老虎机呢！达达早就听说老虎机玩起来非常刺激，能赚很多钱，也有可能会输掉很多钱，所以他很久以前就对老虎机感到特别好奇了。现在看来，老虎机的确很吸引人，因为老虎机周围是游戏厅里人最多的地方。

正在玩老虎机的那个人仿佛已经输红了眼，他接二连三地把硬币都塞到老虎机里，想着能够把自己输掉的本钱全都赚回来，然而，老虎机就像一个不知满足的恶魔，把所有的硬币都吃掉了，丝毫没有动怜悯之心，也没有给这个人吐出来哪怕是一枚硬币。看到这个人灰心丧气地离开了老虎机，达达暗暗想道：老虎机吃了他那么多硬币，轮到我的时候会不会吐出来一些呢？如果我借此机会玩一玩老虎机，说不定还能赚取很多硬币呢！这么想着，达达跃跃欲试。

正在这个时候，那几个同学也来老虎机这里围观了。他们从来没有玩过老虎机,全都感到很好奇,因而纷纷起哄让达达玩一把老虎机,给他们做个示范。在同学们的怂恿下,达达拿出很多硬币塞入老虎机。果然如他所愿,他真的好运爆棚,因为老虎机居然吐出了足足几倍的硬币。这个收获完全出乎达达的意料,他欣喜若狂,正准备收手去玩其他游戏设备时,同学们却不依不饶,对达达喊道:"赢了怎么能走呢?赶紧趁着好运气再玩儿几把啊!"

结果,达达第二把就输了钱,他更不好意思离开了,因而不断地把硬币投到了老虎机里。最终,达达不但输掉了赢得的所有钱,还输掉了所有的本钱。他面红耳赤,当即又拿出口袋里的所有钱去兑换了很多游戏币,继续来与老虎机战斗。老虎机显然毫不留情,吞掉了达达所有的钱。就这样,达达和刚刚离开的那个人一样沮丧绝望。他没有钱继续玩了,就先跟同学们告辞,郁郁寡欢地回家了。

回到家里,妈妈一眼就看出了达达的情绪异常,她追问达达为什么不高兴。在妈妈的追问下,达达不知道如何搪塞,就说了真实情况。听说达达居然玩了老虎机,妈妈非常生气,她严肃地警告达达:"老虎机是赌博的机器,是绝对不能玩的。我念在你以前从来没有犯过这样低级的错误,所以再给你少量的零花钱,希望你能好好利用。与此同时,我要求你必须深刻地反省一下自己的行为,想好、想清楚自己以后应该怎么做。"看到妈妈虽然声色俱厉,却对自己这么宽容大度,达达更加羞愧了。他当即向妈妈保证以后再也不玩老虎机了。

分析

为什么很多人一旦开始赌博,就会失去理智,在赌博的道路上越走越远呢?

这是因为赌博是不劳而获的，符合人贪婪的本能，所以人们在初次尝到赌博的甜头，获得了一点蝇头小利之后，就会深深地沉迷其中。但是，没有一个人能够靠着赌博发财致富。如果人们沉迷于赌博，最终会输得一无所有，身无分文。每当这时，他们又会陷入另一种极端的心态之中，那就是希望以赌博的方式，把自己的本钱赚回来。结果他们非但没有赚回本钱，还会赔得越来越多，甚至是倾家荡产。由此可见，赌博利用的是人的贪念，只要有贪念，就会因为赌博而心动。作为男孩，一定要对自己的人生有准确的定位，理性地选择该做的事情，要知道人生中没有不劳而获，也要知道赌博最终会使人陷入无底的深渊。

男孩正处于身心发展、智力发展的关键时期，他们看似已经长得比父母更加高大，但实际上内心还是不够成熟的，也缺乏分辨能力。在这个阶段，男孩很渴望获得更多人的认可，很想融入集体之中，但他们的自制力又比较差，当发现身边有人玩老虎机或者参与赌博的时候，他们就会受到那些人的影响，不知不觉就沉迷其中。

面对这样的情况，男孩必须要明确一件事情，那就是很多人之所以成为赌徒，并不是他们天生就是赌徒，他们最开始的时候可能只想尝试着小小地赌一把，看看能否为自己获得一些额外收获。但是随着尝试的次数越来越多，他们在赌博的泥沼中也就越陷越深，最终成为彻底的赌徒。对于个人而言，赌博会危害身心健康；对于家庭而言，赌博会让整个家庭支离破碎；对于社会而言，赌博会扰乱社会的稳定秩序。

当青少年沉迷于赌博之中时，他们不仅会浪费大量的时间和金钱，还会因此而影响学习。有些孩子学习成绩原本是比较好的，他们却在尝到赌博的甜头之后，一有时间和空闲就想参与赌博，想通过这样的方式不劳而获。渐渐地，他们对学习就会失去兴致。既然他们把创造精彩人生的希望寄托在赌博上，那自然不愿意再拼尽全力去争取一些东西。

我们每个人都应该远离赌博，这样社会生活才会更加洁净、更加安稳。要知道，人生中没有人能够不劳而获，天上也从来不会掉馅饼。每个人要想获得自己想要的人生，就必须凭着自身的努力，不断地拼搏奋斗，坚持初心，永不懈怠。

娱乐场所，少儿不宜

小故事

升入高三，瑞瑞就满18周岁了。这天正好是瑞瑞的生日，而且正值周五，所以瑞瑞提议好朋友达达，以及其他几个同学和他一起去饭店吃饭，由他请客。看到他这么大方，大家都很惊讶。瑞瑞骄傲地说："这是我的18岁生日，我的爸爸妈妈都非常重视！原本他们想为我举办一个生日聚会，但是被我拒绝了。我认为过生日最快乐的还是和好朋友在一起，所以今晚我们一定要尽情狂欢，大家要吃好喝好。"

就这样，瑞瑞带着大家来到饭店，点了很多美味可口的饭菜，同学们全都大块朵颐。吃完饭之后，瑞瑞看到时间还早，而且活动经费也没有用完，所以他再次提议："时间还早呢，明天是周六，不用早起，要不我们去唱歌吧！"听到瑞瑞的话，大家纷纷表示赞同。很快，他们一行人来到了一家酒吧。

在酒吧里，达达担心大家的安全，所以劝说大家只喝一点饮料，跳跳舞，唱唱歌。然而，瑞瑞却开始兴奋起来。他坚持要喝酒。在瑞瑞的带领下，大家喝起了啤酒，结果全都喝得醉醺醺的。

瑞瑞喝了半瓶啤酒，觉得不胜酒力，就喝了很多饮料。很快，瑞瑞晕乎乎的脑袋渐渐清醒起来。这个时候，有几个社会青年看到瑞瑞几个人正在开心地狂欢，就走过来说："小兄弟，加入我们吧。"对于他们的邀请，瑞瑞不假思索，也不计后果，当即就高兴地答应了。达达看到这几个社会青年有点不正派，所以频繁地给瑞瑞使眼色，示意瑞瑞不要接受他们的邀请，可瑞瑞对达达的示意不以为然。很快，他就与社会青年玩在了一起。

其实，社会青年只是想让瑞瑞请他们喝酒而已，所以让醉醺醺的瑞瑞给他们买了很多高档酒品。达达看到瑞瑞花钱无度，很担心瑞瑞到结账的时候无法脱身，因而赶紧劝说大家和瑞瑞一起离开。但是大家都喝得兴致勃勃，谁也不愿意离开，达达只好赶紧打电话给瑞瑞的父母。瑞瑞的父母得知瑞瑞带着大家来到了酒吧，还点了很多高档酒品，火速赶到了酒吧里。他们当即制止了瑞瑞继续玩闹，而且去酒吧的吧台结了账。结账的时候，爸爸妈妈大吃一惊，原来，那几个社会青年和瑞瑞这一行人结交之后，不管消费什么，全都记在了瑞瑞的账上。最终，爸爸妈妈花了六千多元，才把所有的账给结算清楚了。

看着醉醺醺的瑞瑞，爸爸妈妈没有批评他，只是先把他带回了家。次日，瑞瑞睡到日上三竿才醒来，这个时候，爸爸妈妈把酒吧的账单交给瑞瑞看。瑞瑞看到自己居然消费了六千多元，不由得大吃一惊。他说："我们只是喝了啤酒，没有喝这些酒。"爸爸妈妈说："你喝得醉醺醺的，非要与社会青年交朋友，人家把所有消费都算在了你的头上，现在你去哪里找人呢？"看到自己给爸爸妈妈造成了如此惨重的经济损失，瑞瑞羞愧不已。从此之后，瑞瑞再也不去酒吧里喝酒了。

分析

通常情况下，学生的生活环境是相对简单的，他们家与学校两点一线，偶尔也会和同学去看看电影、玩玩游戏等。对于男孩而言，固然要让生活的范围更宽一些，却不要因此让自己陷入糟糕的境遇。例如，酒吧、歌厅等社会闲杂人等聚集的地方，男孩是不应该去的。在这些鱼龙混杂的地方，有很多人居心叵测，他们会带着不好的目的去接近你，所以男孩更是要心怀警惕。

不可否认的是，大多数男孩都特别爱玩。因为玩是孩子的天性，而且男孩都有强烈的好奇心，所以他们在面对新鲜事物的时候，往往特别愿意尝试，也会想方设法地参与其中。在各种诱惑之下，他们在不知不觉间就会陷入是非，甚至给自己招致危险。细心的男孩会发现，很多娱乐场所都在门口标示着未成年人不得进入。但是看到这些娱乐场所里暧昧的氛围、优雅的环境，男孩往往对此非常好奇，所以会在与同学聚餐或者一起玩的时候，选择进入这些娱乐场所进行消费。那么，在看到瑞瑞的亲身经历和惨痛教训之后，男孩应该怎么做呢？

解决方案

第一点，男孩不能单独去娱乐场所。因为娱乐场所里有形形色色的人，男孩单独去娱乐场所，根本无法保障自身的安全。如果男孩真的对娱乐场所里的环境特别好奇，那么可以让父母带着自己去娱乐场所里玩一玩，参观参观，这样就能打消好奇心。

第二点，在娱乐场所里一定要对陌生人心怀警惕。很多陌生人都不怀好意，有些陌生人虽然是朋友的朋友，但也有可能会做出伤害男孩的行为，所以男孩要远离这些陌生人。此外，在娱乐场所里，很多人都喝得醉醺醺的，那么男孩在与人沟通的时候一定要注意措辞，切勿因为言语不当而激怒对方，惹祸上身。

第三点，在娱乐场所里参观完之后，男孩要尽快离开。如果已经喝了酒或者是喝了饮料，就一定要保护好自身的安全，最好让父母接自己回家。同时也要注意，切勿上陌生人的车，切勿让陌生人送自己回家，以免陷入危险境地。

第四点，在娱乐场所里，人人都会点饮料或者酒水，男孩在娱乐场所里休闲的时候，一定要看管好自己的饮料和酒水。如果离开自己的吧台，男孩就要把饮料或者酒水喝完，或者把自己的杯子端走，否则一旦有人趁机往饮品里加入东西，男孩就会非常危险。

当然，最好的做法是不要去娱乐场所，要进行一些健康的活动，而不要沉迷于浮华。

■ 不捡"无主之物"

小故事

琦琦已经读高一了。自从上了高中之后，琦琦每个月只放一天假回家休息。这不，琦琦盼星星盼月亮，终于盼到了休息日。这一天，他回到家里，看到妈妈做了一桌子的美食，马上狼吞虎咽，大快朵颐。次日，他想趁着休息去逛逛街，散散心。爸爸妈妈很支持琦琦的决定，还给了琦琦一些钱，让琦琦看到喜欢的衣服鞋袜，就给自己买一些呢！琦琦感谢了爸爸妈妈，就带着钱出门了。

其实，以前都是妈妈为琦琦买生活必需品，以及衣服鞋袜等。现在进入高中之后，妈妈决定把钱直接给琦琦，让琦琦自己买这些东西。然而琦琦对于买东西并没有经验，他在街道上漫无目的地走着，突然他发现前面不远处的地上有东西正在闪闪发光。琦琦感到很好奇，当即走过去并蹲下来查看情况。他的心不由得怦怦直跳，原来地上正安安静静地躺着一条金项链呢。琦琦知道一条金项链价值不菲，因为妈妈早就想拥有一条金项链，但是却不舍得花那么多钱买。琦琦暗暗想道："要是这条金项链的主人已经离开了，那我不就可以把它捡回家送给妈妈吗？"

这么想着，琦琦把金项链拿起来，放在手中仔细观察。这个时候，有一个人站到了琦琦旁边，问道："小朋友，这是你的项链吗？"琦琦很紧张，他生怕是主人来寻找项链了，因而站起来支支吾吾了半天也没说出一句完整的话。这个人对琦琦说："一条金项链可是价值不菲呢，至少要1万多元。你准备怎么处理呢？"

琦琦只好回答说："我想送给警察叔叔。"那个人说："这金项链上面又没有名字，即使你送给警察叔叔，警察叔叔也找不到它的主人呀！要我说，金项链之所以躺在这里，就是与你有缘分，也与我有缘分。既然我们俩都与这条金项链有缘分，不如让我们分了它吧。"

听到这个人要把金项链一分为二，琦琦不由得感到很心疼，他当即把金项链保护在手里，说："这条项链要是一分为二，就变成废物了。"那个人点点头，说："你说的话也有道理。要不，我给你点钱，你把金项链给我吧！这条金项链至少值1万多块钱，但是既然咱们是不劳而获得到的，也就别说它值1万多块钱了。我给你1000块钱，你把金项链给我，好不好？"

听到这个人的话，琦琦的小脑瓜子快速开动起来，开始计算。琦琦想："需要花1万多块钱才能买到的项链，他只想花1000块钱就买走。既然如此，还不如我给他 1000 块钱，把项链拿回家送给妈妈呢！妈妈看到金项链一定很开心。"

那个人仿佛看出了琦琦脸上的犹豫之色，说："你要快一点啊，要不然主人找回来了，咱俩谁也得不到好处。"就这样，琦琦被逼无奈，只好当即表态："这样吧，我给你 1000 块钱，你把项链给我！"那个人的脸上露出很不乐意的神情，说："这条项链值 1 万多块钱，你 1000 块钱就想把它买去了。"琦琦说："那你也是准备花 1000 块钱把它买去的呀！那既然你能买，那我当然也能买。"经过一番唇枪舌剑，那个人无奈地答应了琦琦的请求，琦琦开心地掏出妈妈给他的 1000 块钱，给了那个人，然后带着项链回家了。

回到家里，琦琦把项链拿给妈妈看，故作玄虚地说自己给妈妈买了一条项链。妈妈看到项链之后，漫不经心地说："谢谢！谢谢！不过，不要浪费钱啊！"琦琦惊讶地问妈妈："妈妈，一条金项链值 1 万多块钱呢，你怎么这么不喜欢呢！"妈妈说："你说的是金项链，可这条项链是假的，连 100 块钱都不值，我有什么好开心的？等有一天你长大了，考上大学，找到好工作，再给妈妈买真的金项链，妈妈一定会非常开心的。"

听到妈妈的话，琦琦脸色煞白，他惊讶地问妈妈："妈妈，你怎么知道这条项链是假的？"妈妈不假思索地说："这条项链拿在手里轻飘飘的，一看就是假的。"琦琦忍不住露出哭丧的表情，妈妈看出端倪，询问琦琦发生了什么事情，琦琦把事情的始末讲给妈妈听，妈妈一拍脑门说："哎呀，你这个傻孩子，被人骗了！你白白扔了 1000 块钱。"听了妈妈的话，琦琦沮丧极了。

分析

在这个事例中，琦琦是因为贪小便宜，才会被他人给骗了，他捡起地上的无主之物，而这个无主之物看上去价值不菲，正在这个时候，那个预先埋伏好的骗子就出现了，想得到琦琦口袋里的钱。因此，他才主动提出要出1000块钱买下这条金项链。果不其然，琦琦上钩了。琦琦在骗子的故作玄虚之下，更加深刻地意识到了这条金项链的价值，所以他提出由自己出1000块钱买下这条金项链。就这样，琦琦最终上了当，把妈妈给他的1000元钱全都交给了骗子。

为了避免这种情况发生，男孩在走路的时候看到有无主之物，一定不要捡起来。很多时候，在无主之物的背后，都隐藏着一个骗子。骗子用无主之物当诱饵，正等着有人上钩呢！即使真的捡起了无主之物，也不要因为路人的建议就动了私心，想要把拾到的物品占为己有。如果琦琦能够坚持原则，把这条"金项链"交给警察，那么他就不会上当了。俗话说，贪小便宜吃大亏。骗子正是利用了人爱贪小便宜的心理，才能一次又一次地得逞。作为男孩，一定要对此心怀戒备，提高警惕。

■ 珍爱生命，切勿自残

小故事

吴力的爸爸是个酒鬼，从吴力小的时候，爸爸就总是喝醉酒，有的时候还会一连喝醉好多天。每次回家都看到爸爸正在发酒疯，渐渐地，

5 社会生活纷繁复杂，远离诱惑，洁身自好

吴力对家庭生活充满了恐惧。在进入青春期之后，吴力常常觉得自己的内心很空虚，他在家里得不到温暖，就想找一个女孩谈恋爱，感受爱情的美好。在这种想法的驱使下，帅气的吴力很快就追求了一个女孩，并且与这个女孩建立了恋爱关系。

经过几个月美好而又短暂的恋爱，吴力原本以为自己会和女孩这样继续携手走下去，却没想到女孩在这个时候打起了退堂鼓。原来，他们现在正读初三，马上就要考高中了，女孩的家长发现了女孩与吴力之间的早恋，当即对女孩进行了干预，也想方设法地劝说女孩把所有精力都投入于学习。父母坚持对女孩晓之以理，动之以情，再加上女孩的成绩还是非常好的，很有希望考上重点高中，所以女孩最终决定暂停与吴力恋爱。

女孩对吴力说："如果我们有缘分，那就让我们高中再见吧！我希望能够与你成为高中同学，也希望我们都能考上名牌大学。到那个时候，我们再成为彼此的恋人，就能得到父母的祝福。但现在，如果我们继续交往下去，父母和老师都会给我们施加压力，设置阻碍，这样恋爱的滋味太难受了！"

虽然女孩说得很有道理，但是吴力丝毫也听不进去。听着女孩说的话，他只觉得自己头脑中一片空白，他甚至除了分手二字之外，压根没有听清楚女孩在说什么。就这样，吴力被分手了，根本没有选择的余地。

在被女孩分手之后，吴力每天都郁郁寡欢，感到内心非常愁苦。有一天放学之后，他坐在学校的操场上抽起了烟。因为神游物外，不知道在想些什么，他不小心碰到了烟头，手上马上被烫出了一块黑斑，疼痛感瞬间传遍了他的全身。这个时候，他虽然感到手很疼，内心却有一丝异样的感觉。他马上又拿起烟头对着自己的胳膊烫上去，就这样，他居然用烟头在胳膊上烫了好几个疤痕。这个时候，好朋友来找吴力，

发现吴力做出这样的自残行为，感到非常惊讶，再三劝说吴力不要犯糊涂。但是，吴力却依然这样。几天之后，吴力的胳膊上都是密密麻麻的烟疤，他只能穿着长袖把胳膊盖住，以免被老师看到，也害怕被其他人发现。

分析

早恋就像一场重感冒，一旦失恋，就会给孩子带来难以承受的打击。然而，大多数早恋都是无疾而终的，这也就注定了男孩会吃到早恋的苦果。在这个事例中，吴力在家庭生活中不能得到安全感和满足感，所以就把希望寄托在青涩的爱情上，这就使他在失恋的时候感到难以接受，因而做出自残的行为。不得不说，吴力这样的举动是非常危险的。

如果说小时候男孩的生活是非常简单纯粹的，也很容易得到快乐和满足，那么随着不断成长，在进入青春期之后，男孩的生活就会变得越来越复杂。他们在生活中会接触更多的人，经历更多的事，也会产生更多的不满。在这种情况下，他们的情绪会异常波动。有些男孩因为情绪冲动，就会做出一些过激的事情，比如自残。

说起自残，很多父母都会感到特别痛心。古人云，身体发肤，受之父母。男孩是父母辛辛苦苦生养的，父母看到男孩伤害自己，当然会比伤害他们更加难以接受。在发现男孩自残之后，父母要及时对男孩进行心理疏导，及时帮助男孩消除负面情绪，教会男孩以正确的方式发泄心中的不满，这样男孩才不会继续自残，渐渐地，他们就会珍爱自己的生命。

解决方案

对于男孩来说，当遇到无法面对和解决的问题时，一定要及时向他人倾诉，倾诉的对象可以是同学、老师，也可以是自己的父母。在倾诉之后，男孩的心情就会渐渐地恢复平静，接下来就要积极地解决问题。只有这样，才能让问题得以圆满解决。如果男孩不愿意去做这些事情，而是盲目地自残，以伤害自己的方式发泄心中的痛苦，那么只会导致问题变得更加糟糕和棘手，也会给自身带来更深重的伤害。

具体来说，男孩要想避免自残，就要做到以下几点。

第一点，要积极主动地向他人倾诉。每个人都是需要倾诉自己的，因为每个人都会有情绪波动，也会有各种心事。在这种情况下，一味地封闭自己的内心，把自己关起来，这种方法是不可行的，也解决不了任何问题。只有客观理性地分析和面对各种问题，在需要的时候主动向他人倾诉，既与他人分享自己的快乐，也与他人讲述自己的痛苦，男孩才能保持情绪愉悦。

第二点，不要试图伤害他人。有些男孩在激动情绪的驱使下，会情不自禁地做出伤害他人的举动。这样的暴力倾向，对男孩发展人际关系和积极地解决问题都是极其不利的。

第三点，不要自残。对于每个人而言，最宝贵的就是生命，男孩一定要爱惜自己的生命。很多时候，男孩因为对自己不满，会对自己产生厌恶心理，即便如此，也不要做出伤害自己的行为。这是因为自残虽然能够暂时发泄不满的情绪，但是遗留的后果却是极其糟糕的，有时会影响我们的一生。

第四点，寻求帮助。面对无解的问题，男孩如果凭着自己的力量不能解决问题，那么还可以求助于他人。例如，男孩可以让他人帮助我们去做一些事情，或者和他人团结起来，集思广益，想出有效的办法解决问题。俗话说，一根筷子易折断，十根筷子抱成团。当男孩学会向他人求助，也学会融入集体之中时，男孩就会具有更强大的力量，就能够更好地解决问题，自然也就不会以自残这种愚蠢的方式逃避问题了。

小贴士

俗话说，金无足赤，人无完人。在这个世界上，没有任何人是完美的，也没有任何人能够把每件事情都做得绝对完美。在现实生活中，男孩可能会受到委屈，也可能会受到他人有意或者无意的伤害。但是不管发生什么事情，男孩都不能自残，也不能够伤害他人。作为男孩，一定要做到珍爱生命，保护身边的人，当发现身边有人有自残的倾向时，一定要及时劝解对方，从而帮助他们消除负面情绪，以积极的方式解决问题。

6

男孩要经受磨炼

很多男孩从小就在父母无微不至的照顾下成长，渐渐地，他们养成了衣来伸手、饭来张口的习惯，也形成了以自我为中心的思维模式。然而，男孩注定要经受磨炼才能走出家门，走入社会。有些男孩不谙世事，即使走出家门，融入社会，也依然认为所有人都应该谦让他们，满足他们，这样的男孩不知不觉间就会招人厌烦。

■ 面对他人的伤害，宽容以对

小故事

　　这天下午放学回到家里，奇奇显得非常愤怒，眼睛红红的，一看就是刚刚哭过。看到奇奇这样的表现，妈妈非常担心。她当即追问奇奇到底发生了什么事情，奇奇在妈妈的追问之下，才告诉妈妈他今天和好朋友李雪吵架了。听到奇奇的讲述，妈妈认为李雪做得的确不对，因而指责李雪道："李雪这个小姑娘平日里性格还是很好的，这次到底是怎么回事呢？突然发了这么大的脾气，真是让人费解呀！"说着，妈妈还叮嘱奇奇："要不，以后就不要跟李雪玩了。你作为男孩，要多跟男孩在一起玩，总是这样哄着小姑娘，还不够累的呢！"

　　听到妈妈的话，奇奇话锋一转，对妈妈说："妈妈，虽然李雪这次做得不对，但是我觉得她还是一个值得交的好朋友。而我虽然很生气，也被她气哭了，但不想因此就与她绝交，失去她这个朋友。我想李雪是因为最近她的爸爸妈妈正在闹离婚，心情不好，所以才会这么对我的吧！再说，她在班级里与我的关系最好，她总不能无缘无故对班级里的其他同学发火，也不能对老师或者爸爸妈妈发火。我作为她的好朋友，当一当她的垃圾桶也没关系。"

　　听到奇奇居然这么说，妈妈不由得觉得既好气又好笑。她反问奇奇："既然你这么为李雪考虑，为何又要气得如同小气球一样呢？"奇奇听到妈妈的比喻，忍不住笑起来，说："我就是一时气不过，等到气消了就好了。"

　　妈妈语重心长地告诉奇奇："男孩要有博大的心胸，对于有些事情要能够宽容和忍耐。尤其是在和朋友相处的过程中,对于朋友做出的那些不好的地方,我们要多多体谅朋友,所以你说的是对的,妈妈很赞成和支持你的做法。"奇奇恍然大悟,原来妈妈是正话反说,故意引导他维护李雪啊。不过,能得到妈妈的赞赏,奇奇还是很开心的,他当即冲着妈妈比起了胜利的手势。

分析

孩子们在一起相处,难免会有磕磕绊绊,也会发生各种各样的矛盾。有些孩子性格火爆,还会因为一言不合而打起来。作为父母,当发现孩子之间发生矛盾的时候,切勿介入孩子的纠纷,更不要让孩子与同学或者朋友断绝关系。人都是社会性动物,每个人都需要融入人群之中生存,如果轻易就与他人"老死不相往来",那么孩子注定会成为孤家寡人,孤苦一生。

解决方案

面对他人有意或者无意的伤害,如果男孩拒绝与他人和解,那么男孩的内心就会始终充满仇恨。具体来说,男孩应该如何做到宽容待人呢?

第一点,设身处地为他人着想。很多男孩都从自身的角度出发考虑问题,不知不觉间就会带有强烈的主观意识,这样一来,对于他人的各种做法,男孩就不能理解。为了让男孩更好地理解他人,父母要引导男孩站在他人的角度上,从他人的立场出发,考虑和分析问题。当男孩真正做到了这一点,那么他们即使对于他人的一些做法不理解,也能够接纳。

第二点,面对他人给自己带来的伤害,怀有宽容的心。俗话说,海纳百川,有容乃大。作为男孩，应该拥有如同大海一样博大的胸怀。如果因为一些小事情就与他人斤斤计较，那么自己就会始终生活在仇恨中。正如一句名言所说的，生气是用别人的错误来惩罚自己，聪明的男孩当然不会这么做了。

第三点，竭尽所能地帮助他人。在生活中，有些人会对我们心怀嫉妒，甚至故意给我们拆台，做一些伤害我们的事情。这些都没关系，只要我们能够本着真诚友善的原则帮助对方，慷慨热情地支援对方，那么相信一定能够感动对方，让对方敞开心扉，真诚地与我们交往。

第四点，遇到问题的时候要积极地解决问题，而不要满怀抱怨。不抱怨是一种很好的人生态度。反之，如果我们在生命的历程中，不管遇到什么事情都怨声连连，那么抱怨就会成为我们生命中的阴霾，遮蔽我们的整片天空，让我们陷入黑暗之中，无法逃脱。

面对他人的苛责，一笑置之

小故事

昨天晚上，乐乐和往常一样，一回到家就去洗澡。平日里，他都是洗完澡才吃饭的，因为他觉得洗完澡之后感觉更清爽，吃饭也吃得更香。这么想着，他加快了洗澡的速度，因为他的肚子已经饿得咕咕叫了。洗完澡之后，乐乐擦干净洗漱间的水渍，就去吃饭了。没想到的是，他正在吃着香喷喷的饭菜，妈妈进入洗漱间就"咣当"一声摔倒了。原来，地上还有残留的水。妈妈当即冲着乐乐喊道："乐乐，跟你说了多少遍了，让你把水擦干净！要是把我摔瘫了，你们就都别吃饭了！"

听到妈妈的指责，乐乐第一时间冲过去帮助妈妈检查有没有摔伤。而妈妈却还在喋喋不休地抱怨："乐乐，你能不能拖地拖得认真一点，总是敷衍了事，每次都要让我再帮你拖一遍。"这个时候，乐乐提醒妈妈说："其实，我已经拖得很干净了，不知道地上为什么又会出来水。"妈妈毫不迟疑地反驳道："不可能！你如果真的拖干净了，地上怎么会还有水呢？"乐乐感到很委屈，但是他对妈妈的指责一笑置之。看到妈妈站起来能走动，他终于放下心来，又去吃饭了。

这个时候，妈妈小心翼翼地又开始打扫洗漱间，并用干布把地面都擦干净了。妈妈刚刚擦完，就发现地面又有水，她经过仔细检查，才发现家里用的拖把桶底下裂了，桶里存的水正在缓缓地往外流。妈妈这才意识到自己错怪乐乐了，她当即对乐乐说："乐乐，我错怪你了！不是因为你没拖干净，而是因为拖把桶的底部裂了，桶里的水一直在往外流。"

乐乐对妈妈说："那就把拖把桶里的水倒掉吧！"听到乐乐丝毫也不计较的回答，妈妈感到很羞愧，她再次郑重地向乐乐道歉，说："对不起，妈妈错怪你了。"乐乐笑起来，说："只要你没摔伤就好了，我受一点委屈没关系。况且你是我妈妈，说两句又有什么大不了的呢，也谈不上受委屈。"听到乐乐如此懂事，妈妈欣慰地笑了。

分析

在这个事例中，妈妈错怪了乐乐，在摔倒的第一时间，她就大声地指责乐乐，后来又喋喋不休地抱怨乐乐。对于妈妈这样的指责和抱怨，乐乐丝毫没有恼火，而是始终微笑着帮助妈妈检查有没有受伤。在确定妈妈没有受伤之后,乐乐才放心地去吃饭了。不得不说,乐乐真是一个体贴入微,懂事善良的好孩子。

很多青春期男孩情绪很容易冲动,在面对他人的苛责或者误解时,他们常常会火冒三丈。如果男孩火冒三丈,与对方争执起来,那么只会导致事态恶化。真正胸怀宽广的男孩,即使面对他人的苛责,也能做到一笑置之。笑容是最温暖的表情,也是最友善的表情,它能够化解人与人之间的尴尬与矛盾。

解决方案

作为男孩,要向乐乐学习,不仅要对自己的父母宽容,也要对身边的人友善。在日常生活中,男孩与很多人相处时,难免会遭遇误解或者是被指责,在这种情况下,男孩一定要保持淡定从容,切勿因为对方误解了自己就勃然大怒。具体来说,男孩要做到以下几点。

第一点,始终面带微笑。微笑是世界通用的语言,即使在语言不通的情况下,微笑也能给人带去温暖与善意。看到他人脸上的微笑,我们很难再对他人发起火来,所以男孩要始终把笑容挂在脸上,这样就会给人留下温暖和善的印象,从而经营好与他人之间的关系。

第二点,那些怒气冲冲抱怨和苛责我们的人,一定是感到自己受了伤害,或者是承受了委屈、打击。在这种情况下,他们本来就是需要得到关心和安慰的,作为男孩,即使被苛责又有什么关系呢?给对方一个发泄情绪的出口,对于对方而言就是莫大的帮助。

第三点,想一想自己如果遇到对方这样的情况,又会怎么做。当男孩真正这么想的时候,即使他原本非常不理解对方,此刻也会对对方感同身受,也就不会认为对方的做法是不可理喻的。

第四点,以"假如我是你"的句式给对方提出建议。很多人之所以歇斯底里地发怒,就是因为他们面对难题没有办法解决,感到无可奈何,心烦意乱,所以他们的愤怒才会持续发酵，最后像火山喷发一样爆发出来。在这种情况下，男孩要委婉地给出对方提出建议，以"假如我是你"这样的句式告诉对方应该如何做才能解决问题，获得想要的结果，或者弥补已经出现的严重后果。这对于对方而言，显然是一种很好且很有成效的解决方法，也有助于他们控制事态，解决问题。

■ 面对他人的嫉妒，低调谦逊

小故事

在这次期中考试中，乐乐又取得了全班第一名的好成绩。自从进入初中之后，乐乐在班级里始终维持着前三名的成绩。通常情况下，他都能考取第一名，偶尔遇到自己不会做的题目，出现小小的成绩波动，他就会考第二名或者第三名。为此，班级里的很多同学和家长都认为乐乐是不折不扣的"学霸"。

而这次期中考试的情况有些不同，因为乐乐不仅是班级第一名，也是年级第一名，他的语文成绩更是出类拔萃，在全区排名前三。看到乐乐取得了如此优异的成绩，大家都为乐乐感到高兴。也有一些同学非常嫉妒乐乐，他们一边为乐乐鼓掌，一边在心里恨得牙痒痒，暗暗地想道：乐乐有什么了不起，不就是学习好一点吗？如果我们和他一样报那么多课外班，我们也能学习得很好。总而言之，同学们说什么的都有，对此，乐乐丝毫不放在心上。

为了避免引起同学们的嫉妒，乐乐在班级里是非常低调的。不管做什么事情，他都会谦让其他同学。有的时候，老师指名让乐乐去做一些事情，给乐乐很好的机会，乐乐也会优先考虑到其他同学。

有一次，乐乐参加了机器人大赛，获得了全国第二名的好成绩。这个时候，同学们更加议论纷纷，有个同学索性对乐乐说："有什么了不起的，要不是你妈妈也是当老师的，还是在我们学校当老师，这样的机会怎么能轮到你呢？"听到这位同学酸溜溜的话，乐乐淡然一笑，对这位同学说："你说得对。我本身能力有限，这都是沾了我妈妈的光。以后，我一定要多多向你学习，我觉得你的能力也是很强的。"听到乐乐如此真诚地恭维自己，那位同学不好意思继续攻击乐乐，只好悻悻地离开了。

因为乐乐始终保持谦虚低调的做事风格，所以虽然班级里很多同学都嫉妒乐乐，但是他们并不能公开和乐乐叫板。在乐乐的谦虚低调之下，同学们渐渐地意识到乐乐是凭着自己的实力，才在班级和年级里脱颖而出的。后来，他们都非常钦佩乐乐。

分析

很多男孩特别张扬，不管在哪些方面取得了成就，他们都会第一时间炫耀自己。男孩做出这样的表现，只会激发其他人更强烈的嫉妒心。作为男孩，要学会谦虚低调，毕竟高调张扬只会让自己成为众矢之的。古人云，木秀于林，风必摧之。意思是说，如果一棵树木比树林整体的高度要高出很多，那么当大风来临的时候，第一个被摧毁的就是它。懂得了这个道理，男孩就不会让自己显得鹤立鸡群了。

解决方案

进入青春期之后,孩子们的嫉妒心理越来越强,情绪也越来越容易波动。在初高中阶段,想让孩子们开展良性竞争是很难的。作为父母和老师,要引导孩子正确面对他人的嫉妒情绪。从男孩自身来说,不要因为他人很优秀,就嫉妒他人,而是要拼尽全力,争取让自己做得更好,变得更优秀,从而缩短与那些优秀者之间的距离,让自己不断地向优秀者靠拢。而若是由于自身的优秀而被嫉妒、诋毁,也要有大肚能容之心,保持低调谦逊。

实际上,越是那些身居高位的人,越是平易近人。作为男孩,也应该有这样博大的胸怀。当自己在各方面的表现都特别优秀时,反而要保持谦逊的姿态,因为这不仅能给他人留下良好的印象,也有助于自己顺利地结交更多的朋友,维持良好的人际关系。

■ 面对他人的羡慕,慷慨分享

小故事

爸爸出差去比利时,给乐乐带回来很多比利时巧克力。众所周知,比利时的巧克力是世界闻名的。乐乐最喜欢吃巧克力,很多同学都羡慕他有这么多巧克力。乐乐看到同学们眼馋的样子,他当即把巧克力分给了同学们,和同学们一起享用。有一个同学对乐乐说:"乐乐,你可真大方!你这可是比利时巧克力呀,还是你爸爸亲自背回来的!

你就这么分了吗？"乐乐笑着说："好东西就是要与大家一起分享。如果我们总是自私地占有所有的好东西，独自去享受它们，那么又有什么快乐呢？"

乐乐不仅喜欢分享美食，对于自己在学习上的成果，他也从不吝啬。乐乐是班级里不折不扣的"学霸"，这不仅仅因为他天资聪颖、勤奋好学，也是因为他掌握了学习的方法。例如，每次在复习之前，乐乐都会亲自整理每一门学科的复习资料。大家都知道，一本书是非常厚的，但是在经过整理和压缩之后，就相当于把书中的内容进行了精炼，这样复习起来会更容易。最重要的是，乐乐对知识点把握得非常好，就连老师都说乐乐整理的复习资料不但很全面，而且重点突出。

看到乐乐拿着薄薄的复习资料进行复习，有的同学就对乐乐提出了不情之请："乐乐，你能把你总结的复习资料借给我去复印一份吗？老师都说你的复习资料好，所以我想看看你的复习资料，说不定我能多考几分儿呢！"听到同学的话，乐乐笑着把复习资料递给同学，说："你想去复印就去复印吧，只要把原件还给我就行。"很快，这位同学就骄傲地拿着乐乐的复习资料开始复习起来。其他同学见状纷纷向乐乐索求复习资料，乐乐从不吝啬。他复印了好几份资料给同学们分头去复印，就这样，班级里的同学都用上了乐乐的复习资料。在这次期中考试中，班级的平均分都提高了好几分呢。

看到乐乐如此乐于分享，老师十分欣慰，在班级里对同学们说："有的人非常自私，他们有了好东西，不愿与他人分享，只想自己独享。他们虽然独享一份，也因此而占据了优势，但是却无人同乐，只能独自品味。我想，如果大家都能和乐乐一样乐于分享，愿意与大家共享好东西，那么我们整个班级就会呈现出欣欣向荣的景象。换一个角度来说，让其他同学进步了，对于自己而言也是一种促进。乐乐有了更强劲的竞争对手，就会激发出自己的潜能，从而在学习上有更出色的表现。由此可见,这才是良性循环。所以大家都要向乐乐学习。"听了老师的话,同学们纷纷为乐乐鼓起掌来。

分析

一份快乐经过分享,就会变成双倍的快乐;一份痛苦经过分享,就会变成一半的痛苦。乐乐显然深谙此道,所以不管是有好吃的,还是在学习上有好资料,他都很愿意与同学们分享。在乐乐乐于分享的精神熏陶之下,班级里也渐渐形成了乐于分享的良好风气,同学们之间的关系越来越融洽,集体的观念也越来越强。

有的人却与乐乐恰恰相反。乐乐面对他人的羡慕,愿意与他人分享;有的同学面对他人的羡慕,却只想自己独享,只想独自进步,甚至他们还很享受被他人羡慕的感觉呢!不得不说,这样的做法和想法都是极其错误的。

在这个世界上,没有一个人可以离群索居、自给自足地生活。每个人都是人群中的一员,都要靠着他人,与他人努力配合,才能活得更好、更长久。如果人们总是明哲保身,只做好自己的事,而从来不把别人的事情放在心上,更不愿意在有能力的情况下给予别人一定的帮助,那么日久天长,他们自身的能力发展也会受到很大的限制。

从整体环境的角度来说,如果人人都非常自私狭隘,不喜分享,那么整体的进步就会变得非常缓慢,这也就使得整体的状况越来越糟糕。所以我们既要努力地提升自己,赢得他人的羡慕,也要慷慨地与人分享,这样才能让优质的资源覆盖面更广,惠及更多的人,也才能形成良好的生活氛围和积极的竞争势头。

■ 面对生活的磨难，勇往直前

小故事

晨晨的妈妈因为一场车祸不幸离世，而此时的晨晨才上小学六年级。命运是如此残酷，从此之后，晨晨只能与爸爸相依为命了。

晨晨一直无法接受失去妈妈这件事情。在妈妈去世之后很长的一段时间里，他都始终沉浸在痛苦之中无法自拔。他还常常做噩梦，梦见妈妈被那辆大货车碾压过去，看到妈妈浑身血淋淋的惨状，他痛不欲生，总是哭泣着醒过来。而每当这时，爸爸就会守在晨晨的身边，陪伴着晨晨再次入睡。时间久了，晨晨渐渐淡忘了失去妈妈的痛苦，他意识到爸爸这么辛苦地独自抚育自己，自己如果不能好好成长，是对不起爸爸的，所以他决定要振奋精神，坚强起来。

打定主意之后，晨晨成为了家里小小的男子汉。他不但会帮助爸爸做很多家务，而且在学习上也特别努力用功。妈妈在世的时候，晨晨的成绩在班级里处于中等水平，妈妈去世之后，晨晨长时间沉迷痛苦之中无法自拔，所以成绩出现了很大的退步，退到了班级中下等水平。现在，晨晨痛定思痛，为了能够对得起爸爸，为了能够告慰妈妈的在天之灵，他拼尽全力提升学习成绩。经过一个学期的追赶之后，他的学习在班级里名列前茅，他也一跃成为了班级里的优等生。

面对仿佛在一夜之间长大的晨晨，爸爸感慨不已，他暗暗想道："为了晨晨，我不能轻易地再婚，否则就会对晨晨的心理和生活造成影响。等到有一天晨晨长大了，去上大学了，也组建了自己的家庭，我到时再考虑自己的事情吧！"无意中得知爸爸的这个想法之后，晨晨感动地对爸爸说："爸爸，我会支持你寻找属于自己的幸福。你放心吧，我一定会好好的。"

就这样，晨晨真正长大了，他的内心非常成熟，情绪愉悦稳定。后来，他通过持之以恒的努力，考上了理想的重点初中和重点高中，又一路顺风地考入了名牌大学。大学毕业后，他有了一份好工作。直到这时，爸爸还没有再婚，依然孑然一身。为此，晨晨把爸爸接到了自己的身边，和爸爸一起生活。看到晨晨这么争气，把自己的人生过得这么丰富精彩，爸爸欣慰极了。

分 析

人们常说，谁也不知道明天和意外哪一个先来。的确如此，有的时候，我们对生活作好了规划，希望一切都能如我们所规划的那样顺利地向前发展，但是命运偏偏特别残酷，又最喜欢与人开玩笑。在人们万事俱备，只等命运安排的时候，命运却和人们开了一个大大的玩笑，突然降临的意外打击得人们晕头转向，措手不及。面对猝不及防的厄运，很多人都怨声连连，抱怨命运不公，抱怨自己没有得到命运良好的对待。然而，抱怨又有什么用呢？抱怨除了能暂时发泄负面情绪之外，对于解决问题没有任何好处。

有人说，既然哭着也是一天，笑着也是一天，那么我们为什么不笑着度过生命中的每一天呢？的确如此，既然哭和笑都是人生的态度，既然我们可以自主地作出选择，那我们就应该积极乐观地面对人生，坦然地接受命运的安排。面对生活的磨难，与其在灾难面前缴械投降，一蹶不振，不如振奋精神与命运抗争，让自己有更加出色的人生表现。

其实，对于男孩来说，更是要有越挫越勇的精神，因为男孩承担着更重的社会责任和家庭责任。此外，男孩还要有更强大的内心和更强壮的身体，所以男孩一定要磨炼自己的意志。正如人们所说的，苦难是生命最好的学校。当男孩从苦难这所学校里毕业，以坚强的姿态傲然屹立于人生的境遇之中时，男孩就真正长大了，也真正强大了。

参考文献

[1] 木阳. 妈妈送给青春期儿子的私房书 [M].2 版. 北京：中国纺织出版社，2016.

[2] 贾杜晶. 女儿，你要学会保护自己 [M]. 哈尔滨：哈尔滨出版社，2020.

[3] 周舒予. 女孩，你要学会保护自己 [M]. 北京：北京理工大学出版社，2020.

[4] 尚阳, 杜蕾. 保护自己我能行 [M]. 武汉：长江文艺出版社，2016.